AF363363

ESSAI

D'UNE

CLASSIFICATION NATURELLE

DES CHAMPIGNONS,

OU

Tableau méthodique des genres rapportés
jusqu'à présent à cette famille;

PAR M. ADOLPHE BRONGNIART.

PARIS,

Chez F. G. LEVRAULT, rue de la Harpe, n.° 81,
et rue des Juifs, N.° 33, à STRASBOURG.

1825.

(Article extrait du 33.ᵉ volume du *Dictionnaire des sciences naturelles*.)

ESSAI

D'UNE

CLASSIFICATION NATURELLE

DES CHAMPIGNONS.

La famille des champignons, l'une des plus nombreuses et des plus variées du règne végétal, est certainement, parmi la cryptogamie, une de celles où il reste encore le plus à faire sous le point de vue de la structure intime des végétaux qu'elle renferme. L'ancienne famille des algues, c'est-à-dire, les plantes que Linné réunissoit sous le nom de conferves, de fucus et d'ulves, peuvent seules être mises au même rang sous le rapport de l'obscurité qui règne encore sur leur organisation et sur leur développement. Les fougères, les mousses, les hépatiques, etc., sont maintenant généralement bien connues ; on en peut dire presque autant des lichens : mais, quant au vaste groupe des champignons, malgré les nombreux travaux dont il a été l'objet depuis une trentaine d'années, il reste encore une quantité de lacunes à remplir, non pas dans la distinction des genres et des espèces (les travaux de ce genre n'ont été que trop multipliés), mais sous le point de vue de la classification naturelle, qui ne peut elle-même être fondée que sur des observations très-délicates, et presque toujours microscopiques, des organes de la fructification.

Cependant les progrès que cette partie de la botanique

a faits depuis quelques années (progrès qui nous obligent à revenir dans cet article sur plusieurs sujets traités en partie à l'article *Champignon* de ce Dictionnaire), doivent nous faire espérer que d'ici à peu de temps ces lacunes se rempliront successivement.

Les premières observations exactes sur la famille des champignons sont dues à Michéli. Dans cette étude, comme dans celle de la plupart des autres parties de la botanique, il a surpassé non-seulement tous ses devanciers, mais même tous les botanistes qui l'ont suivi pendant long-temps. Ses descriptions et ses observations sont pour cette époque un modèle d'exactitude et de précision dont n'approchent pas les autres auteurs qui s'occupoient vers le même temps de la cryptogamie, tels que Vaillant, Battara, Dillen, etc. Linné, en embrassant par son vaste génie toute l'étendue des sciences naturelles, ne put donner à chaque partie le soin qu'elle exigeait; on ne sauroit donc lui reprocher de n'avoir pas tiré plus de secours des travaux de Michéli : ne pouvant pas, en général, les vérifier par lui-même, il les a négligés, et a réuni dans ses genres les objets les plus différens, que ce dernier avoit séparés avec raison.

Depuis cette époque jusqu'aux travaux d'Hedwig, de Bulliard et de Persoon, l'étude des végétaux de cette famille resta presque stationnaire. Quelques auteurs, suivant servilement les divisions de Linné, ajoutèrent seulement des espèces, les distinguèrent mieux, et en donnèrent de bonnes figures : tels sont Schæffer et les divers auteurs de la *Flora Danica*. La fin du dernier siècle a amené dans cette branche de la botanique, comme dans presque toutes les siences, des changemens bien marqués. Hedwig, par des observations microscopiques exactes; Bulliard, par d'excellentes figures et de bonnes distinctions génériques, et Persoon, par une méthode précise et en se dégageant des liens par lesquels Linné paroissoit avoir enchaîné ses successeurs, ont donné une nouvelle face à cette partie de la botanique. Le *Synopsis fungorum* de ce dernier auteur forme ainsi une époque remarquable dans l'histoire de la mycologie. Depuis, de nombreux travaux sont venus éclaircir cette science; et chaque année en voit paroître de nouveaux. Les plus remarquables

sont : les observations de M. Link [1] ; le Système des champignons, par M. Nées d'Ésenbeck [2] ; les Observations mycolo-
giques de M. Fries [3], et le *Systema mycologicum* [4] du même
auteur, dont deux volumes seulement ont paru jusqu'à présent ; la mycologie européenne de Persoon. [5]

On trouve encore des observations précieuses sur cette famille dans la Flore françoise, par M. de Lamarck et M. De
Candolle, dans les derniers volumes de la *Flora Danica*, dans
la *Scottish cryptogamic Flora* de M. Greville, dans la *Flora
cryptogamica Erlangensis* de M. Martius, enfin, dans une infinité de Dissertations ou de Flores publiées surtout en Allemagne, mais qu'il seroit trop long d'énumérer ici et qui se
trouveront en partie citées dans l'énumération des genres
qui terminent cet article.

La classification naturelle des végétaux cryptogames est
peut-être une des parties les moins avancées de la botanique :
on doit l'attribuer principalement à ce que les auteurs qui
se sont occupés anciennement de cette classe de végétaux,
étoient presque tous étrangers aux principes des méthodes
naturelles, et à ce que le plus grand nombre d'entre eux,
s'étant bornés à l'étude d'une seule famille, n'ont pas cherché
à embrasser d'un même coup d'œil l'ensemble du règne végétal et à établir dans ses diverses parties des coupes et des
divisions analogues.

C'est ainsi que pendant long-temps, et encore dans la plupart des ouvrages qui se publient, on donne le nom d'Algues
à toute plante cryptogame aquatique, sans remarquer qu'il
existe beaucoup plus de différence entre certains genres de
cette famille qu'entre plusieurs autres familles établies et
admises par tous les botanistes, telles que les hépatiques et
les mousses, les fougères et les lycopodiacées, etc. La même

---

1 Link, *Observationes in ordines naturales, Dissert.* 1 — 11, *in Ma-
gazin naturforschender Freunde zu Berlin*; 1809 et 1815.

2 C. G. Nées von Esenbeck, *Das System der Pilze und Schwämme.*
Wurzbourg, 1817.

3 Fries, *Observationes mycologicæ, pars* 1 et 2. *Hafniæ*, 1815—1818.

4 Fries, *Systema mycologicum, vol.* 1 et 2. *Gryphiswaldiæ*, 1821—
1823.

5 Persoon, *Mycologia europæa, vol.* 1. *Erlangæ*, 1822.

observation s'applique aux champignons : on a réuni sous
ce nom tous les végétaux cryptogames dépourvus de fronde
ou d'expansions foliacées et croissant hors de l'eau. On n'a
pas observé, en admettant une famille aussi vaste, qu'on réunissoit ainsi des plantes beaucoup plus différentes par leur
structure que quelques-unes de ces plantes ne le sont elles-
mêmes des autres familles voisines. Ainsi il existe certainement une distance bien plus grande entre les lycoperdons,
trichia, etc., et les agarics, pézizes, etc., qu'entre ces dernières
et certains genres de Lichens ; il y a également des différences bien plus tranchées entre les *byssus, botrytis*, etc., et
les vrais champignons, qu'il n'y en a entre les premiers et
plusieurs genres voisins des conferves.

M. De Candolle fut frappé de ces différences, lorsqu'il ad-
mit la nouvelle famille des hypoxylons; mais, outre qu'il
plaça dans cet ordre des plantes qui nous paroissent devoir
rester parmi les lichens, tels que les Opégraphes, etc., nous
sommes étonnés que les mêmes principes qui l'ont engagé à
séparer ces plantes des autres champignons, ne l'aient pas
décidé à couper le reste de la même famille en deux ou
trois familles. Link a très-bien senti qu'il n'existoit pas de
caractères communs à l'ordre des champignons, tel qu'il
étoit admis jusqu'alors ; et il l'a divisé en quatre familles, qui
diffèrent peu de celles que nous adoptons ici. Cependant les
botanistes allemands et suédois qui, plus que tous les autres,
se sont occupés de l'étude de la cryptogamie, n'ont regardé
en général ces coupes que comme de simples subdivisions
de ce vaste groupe de végétaux. Si l'on admettoit cette
classification , il faudroit n'établir dans toutes les cryptogames que quatre ou cinq familles , et réunir en une seule
les mousses et les hépatiques ; dans une autre les fougères,
les lycopodes, les équisétacées et les marsiléacées. Mais si
on conserve , comme cela nous paroît préférable, ces familles comme autant d'ordres distincts, on doit, pour être conséquent, subdiviser les algues et les champignons en plusieurs
familles, qui seront alors du même ordre à peu près que
celles que nous venons de citer.

C'est ce mode de division que nous nous proposons d'exposer ici. Nous avons déjà dit que, sous le nom de champi-

gnons, on avoit réuni jusqu'à présent tous les végétaux cryptogames, non aquatiques, dépourvus de toute espéce de
fronde ou expansion foliacée, et dont les organes de la fructification composoient la plus grande partie.

Ces végétaux présentent des modifications telles dans leurs
organes, qu'il est presque impossible d'en donner une description plus détaillée, sans entrer dans des spécialités qui
ne s'appliqueroient qu'à quelques-uns d'entre eux. Cette
impossibilité de presque rien dire de général sur cette famille, annonce déjà la nécessité d'y établir plusieurs coupes.
En effet, en admettant dans ces végétaux cinq familles distinctes, chacune sera clairement définie ; et des caractères
communs s'appliqueront alors à tous les genres qu'elles ren-
fermeront. Quelques genres seulement, par leurs formes
extraordinaires, paroîtront se refuser à nos classifications ;
d'autres établiront des passages d'une de ces familles à l'autre :
mais ces exceptions existent dans toutes les classifications naturelles ; et, loin de nous détourner de les admettre, elles
doivent être un aiguillon pour nous exciter à éclaircir ces
genres douteux, qui par de nouvelles recherches se ratta-
cheront aux familles déjà connues, ou deviendront le type de
nouveaux ordres.

Les cinq formes principales que présente le vaste groupe
des champignons, forment pour nous les familles des Urédinées, des Mucédinées, des Lycoperdacées, des Champignons et des Hypoxylons. Cette dernière se lie par plusieurs
genres avec la plupart des familles précédentes, et d'un autre
côté forme le passage aux lichens, qui, malgré quelques variations dans l'organisation, sont une des familles les plus
naturelles de la cryptogamie et qui ne nous paroît pas susceptible de nouvelles divisions ordinales. Quant aux algues, les
diverses familles qui les composent maintenant ne se lient
pas avec la première des familles que nous venons d'énumérer ;
mais elles marchent plutôt de front avec elle, en passant de
même d'une organisation très-simple à une organisation plus
compliquée, par des degrés analogues et en devenant d'autant
plus différentes que leur organisation se complique davantage.

C'est ainsi qu'il existe des points de contact évidens entre
les Urédinées et les Chaodinées de M. Bory de Saint-Vincent,

entre les Mucédinées et les Conferves ou Céramiaires ; tandis qu'on n'en trouve que très-peu entre les Lycoperdacées et les Ulves, entre les Champignons et les Fucacées. Au milieu de ces familles les Tremelles seules viennent encore se rattacher par plusieurs caractères à quelques genres des Chaodinées d'une part, et aux Ulves de l'autre.

§. 1.er *De l'organisation des plantes rapportées à la famille des Champignons.*

Avant d'examiner successivement les diverses familles que forment les végétaux rapportés jusqu'à présent au vaste groupe des champignons, nous devons exposer les principales modifications que présente la fructification de ces végétaux cryptogames, et faire connoître les termes employés pour les distinguer, termes dont nous aurons souvent occasion de nous servir dans cet article.

Sous le nom de sporules ou de séminules nous entendons les semences ou corps reproducteurs des cryptogames, dépouillés de toute espèce d'enveloppe. Ces sporules, en général de forme sphérique, ovoïde ou oblongue, naissent toujours, soit dans l'intérieur de conceptacles ou capsules, tantôt minces et transparentes, tantôt plus épaisses et opaques, soit dans l'intérieur de filamens continus ou cloisonnés ; mais, dans tous les cas, elles sont libres par tous les points de leur surface et nagent dans le fluide qui remplit ces conceptacles, sans leur adhérer par aucun moyen. Cette organisation s'observe très-bien dans les conceptacles membraneux des vrais champignons, tels que les pézizes, les clavaires, etc., dans les vésicules membraneuses des vrais mucors et des genres voisins.

Ces sporules peuvent être réunies plusieurs dans un même conceptacle, auquel on donne alors le nom de *sporidies* (*sporidia*), lorsqu'ils sont libres ou irrégulièrement disposés, et celui de *thèques* (*thecæ, asci*), lorsqu'ils sont placés avec régularité à côté les uns des autres et fixés par leur base à la surface d'une même membrane ; ou bien chaque sporule peut être renfermée dans une capsule monosporée : dans ce cas, la membrane très-mince qui forme cette capsule ou ce conceptacle, se confondant avec la surface de la sporule, on a indiqué leur ensemble sous le nom de sporules. Ce cas nous paroit celui de plusieurs mucédinées, telles que les genres *Oideum*, *Geotrichum*, *Acrosporium*, dont les filamens se séparent en articles qui forment autant de conceptacles monosporés ; dans d'autres cas, les sporules, renfermées en grand nombre dans les filamens d'une mucédinée, s'échappent par leur extrémité et se groupent au dehors sans adhérer à ces filamens. Ce sont alors de vraies sporules nues, libres, mais sorties des filamens ou conceptacles dans lesquelles elles s'étoient développées.

Nous pensons, en effet, qu'il n'existe pas plus de sporules nues parmi les cryptogames, que de graines nues parmi les phanérogames ; de même que parmi ces dernières, tout ce qu'on avoit nommé graines nues n'est que des graines soudées ou confondues avec le péricarpe, ou bien, dans quelques cas, des graines dont le péricarpe s'est rompu long-temps avant la maturation, et qui par là ont été mises à découvert[1] ; de même dans les cryptogames et particulièrement dans les familles qui nous occupent, ce qu'on a nommé des sporules nues, nous semble être des sporules confondues avec la membrane du conceptacle, ou des sporules déjà échappées de ce conceptacle, dans lequel elles s'étoient développées.

Ainsi nous verrons que les urédinées ont de vraies sporidies mono- ou polysporées, uniloculaires ou cloisonnées. Ces dernières se rapprochent déjà des filamens des mucédinées : dans celles-ci les sporules sont tantôt contenues dans des tubes, dont on ne les voit pas sortir ; tantôt elles sont chacune renfermées dans les articles d'un filament moniliforme, qui se séparent en autant de capsules monosporées qu'on a désignées à tort sous le nom de sporules. Dans d'autres elles sont renfermées dans les extrémités renflées des filamens, soit qu'il n'y en ait qu'une seule dans chaque filament, soit qu'elles y soient réunies en grand nombre, comme dans les mucors ; ou bien, enfin, elles s'échappent de ces filamens pour se répandre comme une poussière fine à leur surface, et dans ce cas seulement elles sont réellement nues.

---

[1] Voyez le Mém. de Robert Brown, sur les fruits du *Leontice*, dans les *Transact. Linn.*, T.

Dans les lycoperdacées, leur structure et leur manière de se développer est très-mal connue ; on ne sait pas si elles sont sorties des filamens qui remplissent le péridium, ou si chaque graine est un conceptacle monosporé qui étoit inséré sur ces filamens. De nouvelles observations faites sur ces plantes avant leur maturité complète, sont nécessaires pour éclaircir leur structure. Quant aux vrais champignons et aux hypoxylons, l'organisation de leurs sporules est bien connue. On sait que dans presque tous les genres de ces deux familles les sporules sont renfermées en nombre défini et constant dans des *thèques* ou conceptacles membraneux, alongés, fixés par une de leurs extrémités, et à côté les unes des autres, à la surface d'une membrane qui couvre ou tapisse en partie le champignon.

Nous allons maintenant examiner successivement l'organisation des diverses familles qui composent le vaste groupe désigné jusqu'à présent sous le nom de champignons, et nous ferons ensuite connoître les genres qui s'y rapportent.

1. Des Urédinées.

Les Urédinées nous présentent l'organisation la plus simple qu'un végétal puisse offrir, ce sont de simples sporidies ou conceptacles souvent uniloculaires et presque globuleux, contenant des séminules d'une ténuité extrême. Les sporidies des urédinées peuvent être considérées comme des filamens très-courts ; la manière dont un grand nombre d'entre elles sont cloisonnées et dont elles sont alors fixées par une de leurs extrémités, donne beaucoup de poids à cette opinion. Ainsi, dans les genres *Phragmidium*, *Conoplea*, *Coryneum*, *Phragmotrichum*, *Antennaria*, cette analogie entre les sporidies des urédinées, et les filamens cloisonnés et renfermant les sporules de beaucoup de mucédinées, devient évidente. La seule différence, c'est que dans les mucédinées ces filamens prennent en général plus d'extension et laissent échapper les sporules avant leur destruction ; tandis que dans les urédinées la sporidie ou le filament tout entier se détache du lieu où il a cru, avant de se rompre, pour répandre les séminules qu'il renferme. Ces capsules, dans les vraies urédinées, se développent sous l'épiderme des végétaux vivans ; elles paroissent y être tantôt libres sans être unies par aucun point au tissu du végétal ; tantôt, au contraire, elles sont portées sur un court filament. Quelquefois ces capsules, plus alongées, sont divisées en plusieurs loges par des cloisons ou diaphragmes transversaux. En général, leur présence dans le parenchyme des végétaux sur lesquels elles sont parasites, produit dans le tissu de l'organe sur lequel elles croissent, un épaississement, un changement de structure, qui détermine autour des groupes de ces capsules la formation d'une sorte d'involucre qu'on a comparé au péridium des lycoperdons, mais qui en diffère infiniment, puisqu'il ne fait pas partie de la plante cryptogame elle-même, mais du végétal sur lequel elle s'est fixée.

Les autres urédinées se développent toutes sur les végétaux morts, et cette considération, quoique paroissant étrangère à leur organisation, est liée d'une manière intime à leur mode de développement et devient par là d'une grande importance. On a long-temps été dans le doute sur la manière dont se propageoient ces singuliers végétaux parasites. Quelques auteurs les ont regardés comme de simples modifications de structure, ou des maladies du végétal qui leur servoit de support. Mais une étude plus approfondie a bientôt détruit cette supposition. Admettant ensuite ces êtres pour de véritables végétaux parasites, on a cherché à concevoir comment leurs séminules pouvoient se trouver portées dans le tissu même des végétaux. Deux hypothèses se présentoient : ou les séminules extrêmement fines de ces cryptogames étoient introduites par les pores corticaux, et se développoient dans le point même de la surface du végétal sur lequel elles s'étoient fixées ; ou bien, après avoir été absorbées par les racines et portées avec les sucs nourriciers dans les divers organes du végétal, elles se fixoient dans celui qui, par son tissu, étoit propre à faciliter leur développement. Des expériences nombreuses paroissent avoir mis hors de doute cette dernière opinion. Des graines de graminées, mêlées avec de la poussière de l'*Uredo carbo* (*charbon* des agriculteurs), ont toujours produit des plantes attaquées par cette parasite. Au contraire, les céréales provenues de graines bien nettoyées et chaulées de manière à détruire complétement ces séminules, et placées dans de la terre prise à une profondeur telle qu'elle ne pût pas contenir de poussière d'*Uredo*, n'ont jamais été exposées à cette espèce de parasite. Des poiriers jusqu'alors sains et dépourvus de l'*Æcidium cancellatum*, qui les attaque si souvent, en ont été couverts lorsqu'on les a plantés dans de la terre prise au pied d'arbres qui portoient beaucoup de cet *Æcidium*. Des observations récentes publiées par M. Bauer, dans les Transactions philosophiques, sur l'inoculation de la carie (*Uredo fœtida*, *Uredo caries*, Dec., Fl. fr., Suppl.) prouvent évidemment ce mode de développement.

Plusieurs autres faits, qu'il seroit trop long d'énumérer ici, confirment ce mode de propagation et prouvent que les séminules des vraies urédinées sont portées dans la circulation avant de se fixer sur le point du végétal qu'elles doivent attaquer. Il ne paroît pas en être ainsi des urédinées qui se développent sous l'épiderme des végétaux morts. En effet, leurs séminules ne peuvent pas avoir été portées par la circulation dans l'intérieur de ces végétaux après leur mort. On pourroit, il est vrai, supposer qu'elles y ont été introduites durant la vie du végétal, et qu'elles n'ont commencé à s'y développer qu'après sa mort. Cette opinion, quoique ayant quelques faits en sa faveur, ne paroît cependant pas vraisemblable, en ce qu'il faudroit supposer que, dans les végétaux vivaces et arborescens qui servent en général d'habitation à ces sortes de cryptogames, il existe durant toute leur vie des germes ou semences différentes d'une infinité de cryptogames, tels que des *Stilbospora*, *Conopla*, *Sphæria*, etc., qui restent pendant des années sans prendre d'accroissement, et qui attendent la mort du végétal qui les renferme pour se développer. Cette manière d'expliquer la croissance de ces plantes, quoique n'étant pas impossible, ne nous paroît pas vraisemblable; et, aucune observation directe ne la prouvant, il nous semble plus naturel d'admettre que leurs séminules sont introduites, après la mort du végétal, sous son épiderme par les pores corticaux avec l'humidité qu'ils absorbent à cette époque. Aussi remarque-t-on que ces sortes de cryptogames ne se montrent sur les végétaux morts que lorsqu'ils sont placés dans des lieux humides ; tandis que les *Uredo*, *Æcidium*, etc., qui croissent sur les végétaux vivans, ne paroissent dépendre de ces circonstances de localité ou de l'état de l'atmosphère que d'une manière très-secondaire.

Ces considérations nous paroissent donner de l'importance à la division des urédinées en deux divisions, selon qu'elles naissent sur les végétaux vivans ou morts. La seconde de ces divisions peut elle-même former trois tribus.

La première, ou celle des *Fusidiées*, comprend les urédinées dont les sporidies sont uniloculaires, non cloisonnées et indéhiscentes ; dans ces cryptogames chaque sporidie ne renferme probablement qu'une sporule. Leur manière de croitre varie beaucoup ; tantôt ils sortent de dessous l'épiderme, tantôt ils se développent à sa surface ; quelquefois ils font naître sur le végétal qui les nourrit un tubercule plus ou moins saillant, arrondi, fibreux ou solide, dont la surface porte les sporidies. Ce tubercule, nommé par les cryptogamistes allemands *stroma*, et auquel nous donnerons le nom de *base* dans nos descriptions, nous paroit souvent indépendant de la plante cryptogame. Elle n'est, selon nous, comme le faux péridium des *Æcidium*, qu'un développement du parenchyme de la plante qui la supporte. C'est par cette raison que nous avons éloigné des urédinées, pour les reporter à la fin des mucédinées, les genres *Tubercularia*, *Calicium* et *Atractium*, que plusieurs botanistes avoient placés à la fin des urédinées, mais qui diffèrent des genres d'urédinées dans lesquels cette base est le plus développée, en ce que, dans les genres que nous venons de citer, le tubercule très-saillant et rétréci à sa base, qui porte les sporidies, fait évidemment partie de la plante cryptogame et non du végétal qui la nourrit, et se rapproche, par sa texture filamenteuse, des *Stilbum*, *Isaria*, etc., auprès desquels nous les avons rangés. La troisième tribu des urédinées ou la seconde de celles qui croissent sur les végétaux morts, ne renferme que quelques genres encore très - imparfaitement connus : ces genres sont caractérisés par des sporidies assez grosses, opaques, uniloculaires, déhiscentes, et donnant issue à des sporules très-ténues. Quelques caractères font ressembler ces plantes à de très-petites Sphéries ; mais elles en diffèrent en ce que les conceptacles très-petits qui les composent, paroissent être de vraies sporidies, renfermant des sporules nues, et non des péridium contenant des sporidies à plusieurs sporules, comme dans les hypoxylons. Dans une dernière section nous avons rangé les urédinées qui croissent sur les végétaux morts et dont les sporidies sont cloisonnées et indéhiscentes. Ces sporidies, qui dans les derniers genres sont alongées, droites et fixées par leur base, se rapprochent déjà des filamens souvent cloisonnés des mucédinées à sporules internes : elles présentent les mêmes modifications dans leur mode de développement que les genres de la deuxième tribu, c'est-à-dire qu'elles naissent tantôt au-dessous et tantôt au-dessus de l'épiderme, et qu'elles donnent aussi quelquefois naissance à un tubercule saillant qui leur sert de base.

2. Des Mucédinées.

Les Mucédinées qui, dans l'ordre successif des perfectionnemens de structure, suivent les urédinées, sont formées de filamens ordinairement libres, quelquefois unis assez intimement, transparens et souvent cloisonnés dans les premières tribus, continus et opaques dans les dernières.

La manière dont les sporules se développent dans ces plantes, paroît présenter assez de variations et mérite d'être étudiée avec plus de soin qu'on ne l'a fait jusqu'à présent ; il est probable que, lorsqu'on suivra avec attention leur développement, on verra que toutes sont d'abord renfermées dans l'intérieur des filamens. Cette disposition est évidente dans les deux premières tribus, les *Phylléeriées* et les *Mucores ;* dans ces dernières surtout on voit les filamens transparens et cloisonnés, qui les composent, se renfler à leur extrémité, de sorte que la dernière cellule forme une vésicule ordinairement sphérique. Cette vésicule est d'abord remplie d'un liquide laiteux, qui bientôt devient grumeleux et forme les sporules, ou dans lequel du moins les sporules se développent à peu près comme l'embryon se forme dans l'intérieur du fluide qui remplit la graine avant la fécondation.

Les sporules sont parfaitement libres dans l'intérieur de ces vésicules. aucun filament ne les fait communiquer avec

(15)

les parois de ce tube; bientôt la vésicule membraneuse qui
les renferme se rompt, et les sporules se répandent au dehors:
dans ce cas les sporules ainsi échappées de l'intérieur de
la vésicule sont évidemment nues; aucune partie de la plante
qui les a produites ne les recouvre. Outre la vésicule terminale dont nous venons de décrire le développement, il
existe dans quelques genres, tels que les *Thamnidium*, *Thelactis*,
etc., des filamens secondaires, beaucoup plus petits que le
filament principal qui porte la vésicule : ces filamens se
renflent également à leur extrémité; mais, au lieu de former
une grosse vessie arrondie, ils ne présentent qu'un petit
renflement, qui ne paroît renfermer qu'une seule sporule.

On diroit que, dans ce cas, toute la force végétative s'étant
portée sur le filament principal, ceux-ci n'ont pu recevoir
qu'un développement beaucoup moins considérable. Le même
mode de formation se présente dans plusieurs genres de la
section suivante ou dans les vraies mucédinées : ainsi, dans
les genres *Acremonium*, *Verticillium*, etc., les rameaux se
renflent à leur sommet et forment une petite vésicule, qui
ne paroît renfermer qu'une seule sporule, et qui se détache
des filamens principaux en entraînant avec elle le filament
dans lequel elle s'est développée. Dans ce cas, cette sporule
doit être recouverte par les parois très-minces du tube dans
l'intérieur duquel elle s'est formée et qui est resté adhérent
à sa surface, lorsqu'elle s'est détachée de la plante mère.
C'est ainsi que, parmi les végétaux phanérogames, lorsque
l'ovaire est monosperme, il est presque toujours indéhiscent,
et enveloppe la graine, même après qu'elle est séparée de la
plante qui l'a produite. Dans plusieurs genres, tels que les
Fusisporium, *Epochnium*, *Cladobotrium*, etc., on n'a pas vu
aussi bien ce développement; cependant il est probable que
les sporidies ne sont que des rameaux latéraux, renfermant une ou peut-être quelquefois plusieurs sporules, qui
se sont séparées de la plante qui les a produites. Dans d'autres
genres ce n'est pas seulement le dernier article des filamens
qui se renfle et dans lequel il se développe une sporule;
chaque article, ou du moins tous ceux qui sont vers les
extrémités des filamens, se renflent, s'arrondissent, et le
filament prend l'aspect moniliforme : il se développe une

sporule dans chacun de ces articles, qui bientôt se séparent et forment autant de sporules distinctes, recouvertes par la membrane qui composoit les tubes du filament. Ce mode de formation s'observe dans les genres *Acrosporium*, *Geotrichum*, *Oidium*, etc. Il est probable qu'il existe également dans un grand nombre de genres où on a vu seulement des sporules libres et éparses à la surface des filamens, sans qu'on ait pu étudier leur mode de développement : tel est le genre *Sporotrichum*. Dans un petit nombre de genres de cette famille ce ne sont point des articles simples qui se détachent de la plante mère, mais des petits rameaux cloisonnés et renflés, dont chaque loge renferme probablement une ou plusieurs sporules. On observe très-clairement cette structure dans le genre *Dactylium* : il est probable que la même chose a lieu dans les genres à sporidies biloculaires, tels que les genres *Scolicotrichum* et *Trichothecium*.

Enfin, dans quelques genres où les sporules sont plus petites que les filamens et sont en général réunies au sommet des rameaux, il paroîtroit que ces sporules sont sorties de l'intérieur de ces filamens, comme celles des Mucors. Ces plantes ne différeroient de ce dernier genre qu'en ce que les filamens ne se renflent pas en général au sommet, et n'ont pas encore offert aussi distinctement les sporules dans leur intérieur : tels sont les genres *Aspergillus*, *Botrytis*, etc.

Ces différences dans le mode de développement et de dissémination des sporules auroient pu certainement fournir de très-bons caractères pour subdiviser le groupe nombreux des vraies mucédinées; mais malheureusement on manque trop souvent d'observations à cet égard pour pouvoir se servir de ces caractères, et nous avons été obligés de suivre la division adoptée par M. Nées, et fondée uniquement sur le port de ces plantes : dans les unes les filamens sont droits, et en général lâches et assez espacés; dans les autres, ils sont décumbens et entrecroisés.

Quoique cette division forme deux groupes assez faciles à distinguer, nous sentons qu'ils sont fondés sur des caractères bien légers; il est même probable que, lorsqu'on aura mieux étudié le développement des sporules, on réunira ensemble quelques genres placés dans ces deux divisions :

ainsi le genre *Acremonium* et le genre *Verticillium* nous paroissent avoir les plus grands rapports entre eux.

Dans la tribu suivante ou des *Byssacées*, les filamens sont
en général plus forts, plus solides, persistans, opaques ou
peu transparens et le plus souvent non cloisonnés. Dans un
grand nombre de genres qui font partie de cette tribu on
n'a jamais observé de sporules, soit que quelques-uns de
ces genres ne fussent que des ébauches imparfaites d'autres
champignons, comme on l'a présumé pour les genres *Byssus*,
Himantia, *Dematium*, *Racodium*, *Ozonium*, soit faute d'observations assez suivies; soit, enfin, que leurs sporules ne
sortent des filamens qui constituent ces plantes que par
suite de leur décomposition. Dans plusieurs des genres de
cette section on observe cependant des sporules : tantôt ces
sporules paroissent simples et globuleuses, et il est alors difficile d'établir, si ce sont des sporules nues sorties des filamens de ces byssus, ou si ce sont des sporidies à une
seule sporule; tantôt elles sont renfermées dans des sporidies transparentes et cloisonnées, ressemblant beaucoup à
celles de certaines urédinées, et qui ne paroissent être
que des rameaux différemment développés et renfermant
les séminules. Un dernier groupe de cette tribu présente
une structure analogue à celle des genres *Acrosporium*, *Oideum*, etc., de la tribu précédente. Les filamens, de même
moniliformes, se séparent par articles, qui forment autant
de sporidies : c'est ce qu'on voit dans les genres *Torula*,
Monilia, *Alternaria*, etc. Mais rien ne prouve dans ces
plantes que ces sporidies soient monosporées : il paroitroit
même plus probable qu'elles renfermassent plusieurs sporules.
En général, dans cette tribu, lorsque les sporules paroissent
libres, elles sont d'un diamètre beaucoup moindre que les
filamens, tandis que dans les mucédinées elles paroissent
presque égales aux filamens de la plante qui les produit.

La dernière tribu des mucédinées forme le passage de
cette famille à celle des lycoperdacées d'une part, et à
celle des vrais champignons de l'autre. Jusqu'à présent nous
avons vu les cryptogames, que nous étudions, formés de filamens simples ou rameux, mais toujours libres et non réunis
entre eux; dans quelques genres seulement, tels que les

Racodium, ils sont très entrecroisés, mais sans être soudés en une masse d'une forme régulière. Dans les lycoperdacées nous verrons ces filamens se réunir pour former un péridium fibreux, qui renferme les sporules : dans les vrais champignons ces filamens, plus intimement soudés, se terminent, vers la surface extérieure du champignon, par des sacs membraneux alongés, qui renferment les sporules.

Dans le groupe des *Isariées*, qui nous occupe maintenant et qui termine la famille des mucédinées, les filamens, analogues à ceux des autres genres de cette famille, sont réunis soit en membrane, soit en un capitule arrondi, simple ou rameux, sessile ou porté sur un pédicule ou col, également formé par les filamens entre-croisés : ces filamens, soudés plus ou moins complétement, deviennent en général libres vers la périphérie, et sont couverts de sporules libres, très-fines, ou de sporidies monosporées ; car on n'a jamais vu comment ces sporidies se développent, et on n'a pu déterminer si elles sont fixées aux filamens, ou si ce sont de simples sporules qui se sont échappées de leur intérieur: la première opinion paroît cependant plus vraisemblable.

Dans le dernier genre de cette tribu la structure filamenteuse disparoît entièrement; le pédicelle semble plutôt charnu, et porte à son sommet une réunion de sporules. Ce genre. qui ne diffère des vrais champignons que par la disposition irrégulière des sporules ou sporidies qui terminent leur pédicule sous la forme d'une tête arrondie, seroit peut-être mieux placé parmi les champignons anomaux, auprès des tremelles.

Ce dernier groupe des mucédinées se lie donc d'une part avec les lycoperdacées ; il n'en diffère qu'en ce que les filamens se dirigent en divergeant de manière que les sporules sont éparses à la surface extérieure, tandis que dans les lycoperdacées les filamens extérieurs sont stériles et forment, par leur entre-croisement, un péridium qui enveloppe les filamens intérieurs et les sporules que ces filamens supportent. D'un autre côté il se rapproche des champignons anomaux ou trémelloïdes, qui sont privés de thèques. Ces champignons, dans lesquels les sporules se trouvent éparses à la surface ou immédiatement sous l'épiderme, ne diffèrent de quelques-uns des genres du groupe des Isariées que par l'absence complète de toute structure fibreuse; le genre *Athelia* ressemble même tellement aux théléphores par son port, et au genre Auriculaire par sa fructification, que les espèces qui le composent avoient été placées anciennement dans le premier de ces genres.

3. Des Lycoperdacées.

Nous avons déjà indiqué le caractère principal des Lycoperdacées : c'est l'existence d'un péridium, ou enveloppe fibreuse, formé par un tissu de filamens, qui enveloppe complétement des sporidies ou des sporules, ordinairement placées sur les filamens qui remplissent l'intérieur de ce péridium.

Le mode de développement des sporules n'a encore été bien étudié dans aucun des genres de cette famille, de manière qu'on ne sait pas si on doit les regarder comme des sporidies à une seule sporule, qui étoient d'abord fixées sur les filamens qui remplissent le péridium, ou si on doit les regarder comme des sporules échappées de l'intérieur des sporidies, qui se seroient détruites à la maturité du champignon : on sait seulement que les plantes de cette famille commencent, en général, par être presque liquides à l'époque de leur accroissement, qui est ordinairement très-rapide, et qu'elles se dessèchent et se solidifient pour ainsi dire plus tard, pour passer ensuite à l'état pulvérulent lors de la dissémination des sporules.

Peut-être même dans quelques genres existe-t-il des sporidies à plusieurs sporules bien distinctes : ainsi Dittmar a figuré dans le *Licea strobilina* des sporidies ovoïdes, renfermant des sporules globuleuses très-petites; il a observé une structure à peu près analogue dans le genre *Polyangium*. Ehrenberg en a figuré de semblables dans quelques *Erysiphe*.

Si un jour on a des observations microscopiques assez nombreuses sur l'organisation des séminules de cette famille, peut-être pourra-t-on employer ce caractère comme fournissant la première division des lycoperdacées ; mais en attendant nous devrions peut-être nous contenter d'un caractère qui est assez d'accord avec l'aspect général de ces plantes, et diviser cette famille en deux groupes : le premier renfermant celles dont le péridium fibreux s'ouvre à la maturité, pour laisser échapper les sporules; le second comprenant les genres dont le péridium, dur, spongieux et à peine distinct de la masse compacte que forment les sporules, ne s'ouvre jamais, de sorte que les sporules ne paroissent se répandre au dehors que par la destruction même de la plante qui les a produites : tels sont les genres *Sclerotium*, *Xyloma*, *Rhizoctonia*, etc.

Ces lycoperdacées anomales, dont la structure est encore très-mal connue, ont été placées en partie, par Fries, parmi les vrais champignons auprès des tremelles : il n'admet dans la famille des lycoperdacées que les genres doués d'un vrai péridium fibreux et déhiscent; il regarde les autres comme ayant des sporules éparses à leur surface. Rien ne prouve cette opinion; au contraire, on passe des lycoperdacées aux espèces de *sclerotium* par les genres *Tuber* et *Rhizoctonia*, et le premier offre tant de caractères qui le rapprochent des *Scleroderma*, *Polysaccum*, etc., qu'il est difficile de ne pas le regarder comme voisin des lycoperdacées. Telles sont les raisons qui nous engagent à regarder les *Sclerotium* et autres genres voisins comme une tribu des lycoperdacées.

Dans ces genres la structure fibreuse ou filamenteuse a presque complétement disparu ; ils forment, comme les trémellinées parmi les vrais champignons, un groupe de genres anomaux. C'est auprès de ces genres que nous croyons que doit se placer le genre *Xyloma*, qui paroît jouer dans cette famille le même rôle que les autres genres qui croissent sur les plantes vivantes, jouent dans les autres familles. c'est-à-dire qu'ils présentent toujours l'organisation la plus simple et la moins développée que la famille à laquelle ils se rapportent puisse offrir : c'est ce qu'on remarque pour les *uredo* et *æcidium* parmi les urédinées, pour les *erineum* parmi les mucédinées, pour les *xyloma* parmi les lycoperdacées. Dans les familles plus complètes nous n'observons plus de vrais parasites sur les feuilles vivantes, excepté parmi les hypoxylons, où ils ne paroissent différer de ceux qui croissent sur les plantes mortes que par une taille et un développement moins considérables.

Dans le premier groupe, ou parmi les lycoperdacées à péridium fibreux et déhiscent, on peut distinguer trois tribus : les deux premières, quoiqu'assez différentes par leur port, ont une structure presque semblable ; la troisième offre ce caractère remarquable, que le péridium général renferme un ou plusieurs péridium secondaires membraneux, paroissant presque semblables à ceux des mucors et renfermant les sporules.

Quant aux divisions secondaires à établir parmi les vraies lycoperdacées, nous n'en parlerons pas ici, parce qu'elles n'ont aucune importance physiologique, ces divisions n'étant fondées que sur des caractéres peu importans et plutôt extérieurs qu'en rapport avec l'organisation de ces plantes; ce qui dépend de l'uniformité de structure essentielle qu'elles présentent.

4. Des Champignons proprement dits.

Des lycoperdacées nous passons aux Champignons proprement dits, caractérisés par leurs organes reproducteurs placés à la surface d'une masse charnue qui forme le corps du champignon.

Dans la plupart de ces plantes on ne distingue plus aucune trace de structure filamenteuse; elles paroissent en général formées d'un tissu spongieux ou aréolaire : quelquefois seulement ces cellules, s'alongeant, ressemblent à des fibres placées à côté les unes des autres; mais jamais ce ne sont des filamens entre-croisés comme dans les lycoperdacées.

Les plantes que nous rapportons à cette famille, offrent trois structures très-différentes dans les organes de la fructification, qui permettent de les diviser en trois groupes très-naturels, qu'on devroit peut-être regarder comme trois familles.

La première, ou celle des Trémellinées, est un des groupes les plus ambigus du règne végétal; comme tous les êtres d'une organisation très-simple, ces végétaux ont des points de contact avec une infinité d'autres : ainsi beaucoup de caractéres les rapprochent des plantes placées anciennement dans la vaste famille des algues, et particulièrement des chaodinées de M. Bory de Saint-Vincent et des ulvacées.

D'un autre côté, elles ont quelque analogie avec les urédinées à base très-développée, telles que les genres *Gymno-sporangium*, *Fusarium*, etc.

Cependant, l'absence de filamens distincts, la disposition des sporules vers la surface, nous paroissent les rapprocher davantage des vrais champignons, parmi lesquels elles forment un passage assez naturel entre les lycoperdacées, dont elles ont les sporules nues ou du moins dépourvues de thèques, et les champignons, dont elles ont la structure charnue.

Les genres de cette tribu présentent une masse charnue, gélatineuse, qui ressemble par sa structure à certaines Pé-zizes, aux *Leotia*, etc. Cette masse, ordinairement irrégulière, est quelquefois claviforme, et présente dans quelques cas une sorte de chapeau; mais la membrane qui la recouvre, au lieu de porter des thèques régulières comme dans les vrais champignons, n'offre que des sporules éparses et nues, formant quelquefois une couche assez épaisse à la surface de ces champignons. La ressemblance extérieure de quelques-uns des genres de cette tribu avec plusieurs de ceux compris parmi les vrais champignons, ainsi des *Auricularia* de Link et des *Thelephora*, des *næmatelia* de Fries, et des *burcardia* et autres pézizes gélatineuses, nous paroît prouver la nécessité de laisser cette section avec les vrais champignons, malgré la différence considérable que présente leur mode de fructification.

La seconde tribu est celle des vrais champignons. Ils sont caractérisés par la présence d'une membrane fructifère (*hymenium*), c'est-à-dire, portant des thèques régulières, qui couvre une partie de leur surface. Ces thèques sont de petits conceptacles membraneux, cylindriques ou fusiformes, fixés par une de leurs extrémités sur le corps du champignon et serrés à côté les uns des autres, comme les fils qui hérissent le velours. Ces conceptacles renferment, en général, plusieurs sporules, de trois à dix ou douze, disposées en une seule série longitudinale; dans quelques cas on en observe plusieurs séries dans chaque conceptacle, comme Link l'a observé dans les Agarics de la section des *coprinus*. Le plus souvent ces thèques s'ouvrent au sommet pour laisser sortir les sporules, qui se répandent sous forme d'une poussière colorée très-fine. Quelquefois ce sont les thèques elles-

mêmes qui se détachent, ou qui sont lancées au dehors,
comme on l'a observé dans le genre *Ascobolus.*

Du reste, cette structure est très-uniforme dans tous les
genres de cette famille, qui ne diffère que par leur forme
et la disposition de la membrane fructifère. On retrouve
exactement la même organisation, pour les parties essentielles
de la fructification, dans la famille des hypoxylons. Les diverses sections qu'on a tracées parmi les vrais champignons
sont très-naturelles; elles sont fondées sur la forme générale
du champignon et sur la disposition de la membrane fructifère. La première, ou celle des Pézizées, renferme tous les
genres dont le corps est en forme de cupule ou forme un
chapeau rabattu comme un capuchon, et dont la membrane
fructifère ne couvre que la surface supérieure.

La seconde section, ou celle des Clavariées, comprend
tous les genres qui sont en forme de massue ou qui se divisent en rameaux redressés, et dont la membrane fructifère
recouvre toute la surface ou du moins la plus grande partie.

Enfin, dans la dernière ou dans les Agaricées, cette membrane ne s'étend qu'à la face inférieure d'un chapeau étendu
horizontalement en forme de parazol ou de demi-cercle, et
présentant sur cette face les formes les plus variées, tels que
des veines, des lames, des tubes, des pointes, etc.

La dernière tribu de la famille des champignons proprement dits, ou celle des Clathroïdées, diffère beaucoup des
autres par la structure des organes de la fructification; elle
mériteroit peut-être de former une famille particulière, si
son organisation intime étoit mieux connue. Mais ces champignons, qui nous paroissent présenter le degré le plus élevé
d'organisation parmi les plantes cryptogames que nous avons
examinées jusqu'à présent, étant propres, en général, aux
pays chauds, dans lesquels l'étude de la cryptogamie n'a fait
que peu de progrès, n'ont été observés que superficielle-
ment, c'est-à-dire, sous le rapport de leurs formes extérieures,
et non sous celui de la structure de leurs organes reproducteurs. Aussi leur position est-elle encore restée incertaine,
de sorte que quelques auteurs, tels que Fries et Link, les
placent parmi les lycoperdacées; tandis que d'autres, tels
que Persoon et Nées d'Ésenbeck, les rangent parmi les

champignons hyménothèques. Cette dernière opinion nous paroît la plus naturelle. En effet, la nature charnue et non filamenteuse de ces champignons, l'analogie du sac qui les renferme avant leur développement complet, avec la volva des *Amanita* plutôt qu'avec le péridium fibreux et sec des lycoperdacées ; enfin, la manière dont leurs sporules paroissent renfermées dans des sacs membraneux analogues aux thèques des vrais champignons, nous engagent à les placer auprès de ces derniers, plutôt qu'à la suite des lycoperdacées. Elles diffèrent des premiers, et spécialement des morilles et des helvelles, dont elles ont un peu l'aspect et avec lesquelles Linné les avoit en partie réunies, par la manière dont leurs sporules sont réunies en une couche épaisse à la surface, ou dans les fossettes qui couvrent la surface du chapeau de ces champignons. Cette couche, en général d'une couleur très-différente du reste de la plante, est formée de cellules membraneuses très-minces, aux parois desquelles les sporules paroissent fixées. Mais comment ces sporules sont-elles enveloppées ? sont-elles nues et libres dans ces cellules, ou sont-ce des sporidies, ou même des thèques fixées à leurs parois ? C'est ce que nous ignorons. Lorsque ces champignons ont acquis leur développpement complet, les membranes qui forment ces cellules, et peut-être aussi celles qui composent les sporidies, se résolvent en une matière mucilagineuse dans laquelle ces sporules se trouvent mêlées et qui répand une odeur infecte. Cette substance mucilagineuse ne paroît résulter, comme celle qui remplit les loges des sphéries, que de la destruction des membranes qui enveloppoient les sporules avant leur maturité. Il reste donc à vérifier si, dans les champignons encore peu développés et long-temps avant leur sortie de la volva, les sporules sont renfermées dans des sporidies membraneuses, ou si elles sont simplement éparses dans les cellules composant la couche épaisse qui recouvre le chapeau ou remplit ses cavités. Dans le premier cas ces champignons seroient très-voisins des vrais champignons ; dans le second ils se rapprocheroient davantage des champignons anomaux, tels que les tremelles, et devroient être placés entre eux et les lycoperdacées.

S'il existe des genres de ce groupe qui soient dépourvus

de volva, comme cela paroît être le cas pour le genre *Ædycia* de M. Rafinesque et le *Clathrus campana* de Loureiro, il seroit prouvé que cette enveloppe ne peut en aucune manière être comparée au péridium des lycoperdacées, qui est une partie essentielle de ces plantes.

5. DES HYPOXYLÉES.

La dernière famille qui nous reste à examiner, celle des HYPOXYLÉES, n'a que très-peu de rapports avec les genres précédens ; mais elle en a de très-intimes avec un autre groupe de la famille des Champignons. Ces rapports sont même si grands que, sans leur aspect et leur manière de croître très-différente, peut-être devroit-on intercaler les genres de cette famille auprès des Pézizes. L'ensemble de leurs caractères en forme cependant une famille très-naturelle, mais qui devroit, si on pouvoit éviter les séries linéaires, n'être qu'un rameau latéral, naissant de la section des Pézizées pour aller s'unir d'une autre part aux Lichens.

Un grand nombre de ces végétaux présentent en effet, comme les Pézizes, un réceptacle cupuliforme, portant à sa surface supérieure des thèques fixées régulièrement. La seule différence consiste dans la consistance dure et ligneuse de ce réceptacle, et dans la manière dont ses bords se recourbent pour former un péridium entièrement fermé dans sa jeunesse et qui s'ouvre ensuite, soit en plusieurs valves, soit par un pore terminal, soit par une sorte d'opercule.

Dans un autre groupe de la même famille on a également observé des thèques, mais libres à l'intérieur du péridium et semblables plutôt à des sporidies ; mais cette différence tient probablement à ce qu'on a observé ces plantes trop avancées et à ce que les thèques se détachent plutôt dans ces plantes que dans les autres. Enfin, dans une dernière section, qui a plusieurs points de contact avec les premiers genres que nous avons examinés, avec les Urédinées, on ne trouve dans le péridium que des sporules ou des sporidies opaques très-petites et qui paroissent ne renfermer qu'une seule sporule. En général, cette famille, renfermant des plantes extrêmement petites et dont l'organisation est très-difficile à étudier, est une de celles sur lesquelles il reste le plus de doute, et en même temps une de celles où on a établi un grand nombre de genres connus très-imparfaitement.

L'analogie de ces plantes avec les vrais Champignons plutôt qu'avec les Lycoperdacées, est prouvée par la ressemblance de structure des Phacidiées et des Pézizes. Cette ressemblance est telle que plusieurs auteurs ont placé quelques-uns de ces genres auprès des Pézizes, et qu'anciennement ces Sphéries à base charnue et alongée étoient réunies avec les Clavaires. Au contraire, on n'observe dans aucune de ces plantes cette structure filamenteuse qui caractérise les Lycoperdacées, auprès desquelles Persoon les avoit placées.

A la suite de ces cinq familles nous placerons quelques genres tellement ambigus ou si mal connus, que nous n'avons pas cru devoir les ranger dans aucune des familles précédentes.

Si nous comparons entre elles les diverses modifications de structure que nous venons d'indiquer dans les différens végétaux qui composent ces familles, nous verrons que dans la plupart d'entre eux, peut-être dans tous, le tissu qui les forme peut se réduire à des filamens analogues à ceux des conferves, simples ou cloisonnés, transparens ou rarement opaques, libres ou plus ou moins entrecroisés, dans l'intérieur desquels on voit se développer des sporules qui deviennent libres plus tard, soit en s'échappant de l'intérieur de ces filamens, soit en entraînant avec elles la partie de ces tubes qui les recouvre.

La famille des Mucédinées sert de type et, pour ainsi dire, de centre à ce mode d'organisation ; aussi est-elle la plus intéressante à étudier pour bien connoître la structure des familles voisines.

Dans ces végétaux toutes les parties sont à peu près également développées, et elles ne sont pas réunies ou soudées entre elles, de manière à rendre difficile l'examen de leurs diverses parties ; aussi est-ce sur elles qu'on doit chercher à observer les divers modes de développement et de dissémination des sporules, et ensuite la manière dont les sporules s'accroissent, pour donner lieu à un nouvel être semblable.

Cet examen éclaircra beaucoup la structure des autres

familles : on verra en effet que les Urédinées ne sont que
des filamens de Mucédinées, réduits à leur moindre développement et soumis à certaines circonstances particulières
qui ont modifié leur structure. L'analogie des sporidies des
Puccinies, *Conoplea*, *Stilbospora*, avec les rameaux fertiles
et également changés en sporidies des genres *Dactylium*,
Helmisporium, etc., parmi les Mucédinées, prouvera ce rapport entre les sporidies des Urédinées et des filamens peu
développés.

La tribu des Isariées explique la structure des Lycoperdacées, et prouve que ces dernières ne sont que le résultat
de l'entrecroisement de filamens analogues à ceux des
Mucédinées de cette tribu ; et l'examen de ces végétaux,
dans un état de développement moins avancé, prouvera
probablement que les sporules se forment toujours dans
l'intérieur des filamens qui remplissent le péridium, et ne
s'en détachent plus tard que par suite de leur accroissement,
comme on l'observe dans les Mucédinées. L'analogie des
Champignons proprement dits et des Mucédinées, c'est-à-dire,
l'organisation filamenteuse des végétaux analogues aux Bolets,
aux Agarics, etc., est plus difficile à prouver ; cependant il
suffit d'examiner la manière dont ces cryptogames se développent, pour qu'elle devienne presque évidente. Les sporules de ces végétaux, mises dans des circonstances propres
à leur germination, s'alongent irrégulièrement sous forme
d'un ou de deux filamens ; ces filamens s'entrecroisent,
forment une sorte de byssus, qui est peut-être même formé par les filamens nés de plusieurs sporules, et ce n'est
que de l'entrecroisement de ces filamens que naît le vrai
champignon, qui lui-même paroît souvent composé de fibres
entrecroisées, comme on peut l'observer dans plusieurs Théléphores, dans quelques Agarics, surtout dans les espèces
fistuleuses ; tandis que dans d'autres genres, tels que les
Pézizes, les Bolets, etc., il paroît d'une structure réellement
celluleuse ou spongieuse. Enfin, les thèques qui couvrent
leur membrane fructifère ressemblent, sous beaucoup de
rapports, aux vésicules qui terminent les filamens des mucors ; ce ne sont peut-être que les terminaisons des fibres
qui forment le corps du champignon. Dans les Hypoxylées

cette structure filamenteuse devient encore moins sensible;
on en a cependant quelques indices dans les filamens, qui
partent souvent de la base de leur péridium pour péné-
trer dans le bois, dans les genres Asteroma et dans les
Rhizomorphes, qui peut-être appartiennent à cette famille.
Mais ces végétaux paroîtroient être formés par des filamens
plus denses: on diroit que ce sont des Byssacées entrecroisées
et soudées, tandis que les vrais champignons seroient formés
par des filamens analogues à ceux des véritables Mucédinées.

Nous avons vu ainsi, depuis les Urédinées jusqu'aux Hypoxylées, tous les divers degrés de développement et d'union
des filamens auxquels paroissent se réduire les végétaux de
ces diverses familles : cette opinion, qui fait des vrais
champignons, des Lycoperdacées, etc., des êtres pour ainsi
dire composés, a été exposée pour la première fois, avec beaucoup de talens, par M. Ehrenberg[1], et paroit très-juste,
lorsqu'on ne la regarde que comme une manière de rendre
le mode singulier de développement de ces grands champignons. Il est certain, en effet, que les séminules de ces
cryptogames ne donnent jamais lieu, par leur germination,
à un champignon semblable à celui qui les a produits; mais
seulement à des filamens, de la réunion desquels naît le
véritable champignon, qui n'est pour ainsi dire que la fructification de ces filamens, auxquels les cryptogamistes mo-
dernes donnent le nom de Rhizopodes (*Rhizopodia*).

La préexistence de ces Rhizopodes long-temps avant le
développement du champignon proprement dit, peut expliquer en partie la croissance si rapide de ces végétaux.
Il suffit, en effet, pour les produire au dehors, que l'humidité et d'autres causes locales déterminent l'alongement et
le gonflement des filamens, dont la réunion forme sur ces
Rhizopodes un tubercule qui renferme en lui tous les élémens de ce champignon.

Autant cette manière d'expliquer la structure de ces
végétaux et de la réduire à des élémens plus simples, qui

---

1 Ehrenberg, *de Mycetogenesi*, *in Nova acta Acad. Cæs. Leop.
natur. curios. X. p.* 161.

permettent de les comparer avec plus de précision aux familles voisines, nous paroît juste et exacte, autant il seroit faux d'exagérer cette idée, et de considérer ces végétaux comme de véritables êtres composés.

§. 2. *Énumération des genres compris dans l'ancienne famille des champignons.*

Après avoir fait connoître d'une manière abrégée, il est vrai, les principales modifications de structure que présentent les végétaux compris jusqu'à présent par les botanistes dans la vaste famille des champignons, et avoir cherché à faire sentir les points de ressemblance qui lient ces végétaux entre eux, et les caractères importans qui permettent cependant d'en former plusieurs familles aussi distinctes que la plupart de celles adoptées en botanique, nous allons présenter maintenant une énumération méthodique des genres qui se rapportent à cette grande division du règne végétal.

Dans ce travail nous avons eu pour but plutôt de réunir et de disposer dans un ordre naturel les genres fondés par un grand nombre de botanistes étrangers, que de discuter avec critique l'importance des caractères sur lesquels ces genres sont fondés. Nous avons indiqué comme distincts presque tous ceux que d'autres auteurs avoient déjà établis, notre projet étant plutôt de faire connoître ce qui est fait sur ce sujet et de le présenter avec ordre, que d'offrir notre propre opinion au sujet de ces genres. Beaucoup de genres, surtout dans la famille des Urédinées, des Mucédinées et dans les premières tribus des Lycoperdacées, nous paroissent fondés sur des caractères très-légers, et nous croyons qu'il seroit plus convenable d'en réunir souvent plusieurs en un seul, ou de ne les regarder que comme de simples sections; mais, pour introduire de semblables changemens dans la science, il faudroit avoir pu examiner presque tous ces genres par soi-même, et ne pas s'en rapporter aux descriptions d'autres observateurs, qui n'ont souvent pas examiné les objets dans le même but. Dans cette position il nous a paru préférable de laisser séparé ce que d'autres avoient distingué, pourvu que les genres les plus voisins, qu'on devra peut-être réunir un jour, fussent placés à côté les uns des autres.

Nous nous sommes contentés d'indiquer, à la suite des genres qui nous ont paru fondés sur des caractères trop légers, ceux auxquels nous pensons qu'on devroit les réunir.

Cependant, dans un petit nombre de cas, lorsque les caractères différentiels nous paroissoient si peu importans qu'il nous a semblé impossible de les admettre, nous les avons réunis, en faisant connoître en quoi les genres que nous réunissions différoient, suivant les auteurs qui les avoient établis.

Nous avons placé à la suite des cinq familles qui nous occupent, quelques genres dont la position est si incertaine, que nous avons préféré ne pas les classer, plutôt que de les rapprocher de genres avec lesquels ils n'ont que des rapports très-éloignés.

Enfin, le point de doute placé avant le nom du genre indique nos doutes sur la place que doit occuper ce genre que nous ne connoissons qu'imparfaitement, mais dont l'analogie avec une famille est cependant trop marquée pour que nous puissions le rejeter à la fin.

URÉDINÉES.

(*Coniomycètes*, Nées, Fries. — *Epiphytæ*, Link.)

Sporidies simples ou cloisonnées, libres ou portées sur un pédicelle court et simple, naissant dessous ou dessus l'épiderme des végétaux vivans ou morts, environnées par un faux péridium, formé par le développement de cet épiderme, ou supportées sur une base charnue ou fibreuse, produite par l'épaississement du parenchyme de la plante.

Obs. Ces sporidies sont plus ou moins développées : dans le premier cas elles paroissent monosporées et sont toujours indéhiscentes; dans le second elles sont polysporées et souvent déhiscentes.

Cette famille diffère de la suivante par l'absence de vrais filamens servant de supports aux sporules; les traces qu'on en aperçoit dans quelques genres, ne paroissent dues qu'au développement des fibres du végétal qui les nourrit.

1.ʳᵉ *Tribu.* **Urédinées vraies.** *Sporidies se développant sous l'épiderme des plantes vivantes et généralement des parties herbacées.*

1. **Urédo**, Pers. (*Cæomæ v. Hypodermii spec.*, Link, Nées).
Sporidies uniloculaires, unies, sans étranglement, très-rarement pédicellées, rompant irrégulièrement l'épiderme, qui ne forme pas de rebord saillant autour d'elles.

Link avoit réuni ce genre avec le suivant en un seul, d'abord sous le nom de *Cæoma*, et ensuite sous celui d'*Hypodermium*; ce grand genre étoit subdivisé en plusieurs sous-genres, dont les suivans appartiennent au genre Urédo.

Ustilago, Link. Sporidies parfaitement globuleuses, libres, très-petites, ordinairement de couleur noire ou violette foncée.

Les espèces de ce sous-genre croissent presque toutes sur les diverses parties des organes de la fructification : c'est ici que se rangent les Urédo, connus sous le nom de Charbon, de Carie, qui naissent dans les fruits des graminées et des cypéracées, l'Urédo des anthères, des réceptacles, etc. La structure plus délicate et plus homogène des parties dans lesquelles ils se développent, est peut-être la cause de la régularité plus grande de leurs sporidies.

Uredo, Link. Sporidies presque globuleuses ou oblongues, généralement jaunes ou d'un brun rouge.

C'est à ce sous-genre qu'appartient le plus grand nombre des espèces.

Cæomurus, Link. (*Uromyces*, Link, Suppl.) Sporidies presque globuleuses, portées sur un court pédicelle.

Toutes les Puccinies à une loge, de la Flore françoise, rapportées dans le Supplément aux Urédo, appartiennent à ce sous-genre.

2. **Æcidium**, Pers. (*Cæomæ v. Hypodermii spec.*, Link, Nées.)
Sporidies uniloculaires, libres, globuleuses ou ovoïdes, non cloisonnées, réunies en amas réguliers et entourées par un rebord plus ou moins saillant de l'épiderme.

On peut distinguer parmi les Æcidium les sous-genres suivans.

Æcidium, Link. Épiderme ne produisant autour des amas de sporidies qu'un rebord peu saillant, en forme de cupule.

Peridermium, Link (*Sphærotheca* Desv.). Épiderme se soulevant et se détachant tout autour des groupes de sporidies, comme une sorte d'opercule.

C'est à ce sous-genre qu'appartiennent les *Æcidium pini, abietinum*, etc.

Ræstelia, Link. Epiderme formant autour des groupes de sporidies un rebord très-saillant, en forme de tube.

Tels sont les *Æcidium cornutum, amelanchieris, rhamni*, etc.

Cancellaria. Épiderme se soulevant en forme de vésicules et produisant un faux péridium, qui s'ouvre latéralement par une infinité de petites fentes.

Le type de ce sous-genre est l'*Æcidium cancellatum*, espèce très-commune sur les feuilles du poirier. Link l'avoit rapportée au sous-genre précédent, dont elle nous paroit cependant assez différente pour former un sous-genre distinct.

3. Puccinia, Link (*Dicæoma*, Nées). Sporidies pédicellées, oblongues, séparées en deux loges par une cloison transversale, réunies en groupes, qui soulèvent irrégulièrement l'épiderme.

Les sporidies sont en général d'un brun foncé ou même d'un noir violet : les seules espèces qui appartiennent à ce genre sont les Puccinies à capsules biloculaires ; les autres se rangent ou parmi les Urédo dans le sous-genre *Cæomurus*, ou dans le genre suivant.

4. Phragmidium, Link. (*Puccinia*, Nées; *Aregma*, Fries.) Sporidies partagées en trois ou en un plus grand nombre de loges par des cloisons transversales, portées sur un pédicelle souvent élargi à sa base et inséré sur l'épiderme.

Ce genre, qui diffère beaucoup des puccinies par sa manière de croître sur l'épiderme et non dessous, s'en rapproche tellement qu'il est difficile de l'en éloigner; peut-être cependant seroit-il mieux placé auprés du genre *Septaria* : il a pour type le *Puccinia mucronata*. On doit y rapporter également le *Puccinia potentillæ*, Pers., et quelques espèces décrites par Strauss et par Fries sous le nom d'*Aregma*. Le genre Spilocœa de Fries (*Novitiæ Suecicæ*, V, p. 79) est rangé par cet auteur entre les genres *Puccinia* et *Phragmi-*

dium (*Syst. mycol.*, *introd.*, 40); mais il nous est connu trop imparfaitement pour que nous puissions en tracer les caractères : il a pour type une cryptogame qui forme de grandes taches noires sur les pommes sauvages.

5. Podisoma, Link. (*Gymnosporangii spec.*, Decand.)

Sporidies oblongues, cloisonnées, sortant de dessous l'épiderme et portées sur de longs pédicelles, soudés par leur base en une masse charnue.

Ce genre est fondé sur le *Gymnosporangium fuscum*, Dec., ou *Puccinia juniperi*, Pers. : le *Gymnosporangium clavariæforme*, Dec., paroît également en faire partie.

6. Gymnosporangium, Link. (*Gymnosporangii spec.*, Decand.)

Sporidies divisées en deux loges par une cloison transversale, portées sur de longs pédicelles et s'insérant sur une base gélatineuse irrégulière, qui sort de dessous l'épiderme.

Le type de ce genre est le *Gymnosporangium juniperinum* de Link ou *Tremella juniperina* de Linné : cette espèce diffère des précédentes par la forme irrégulière et plissée de la base gélatineuse qui la supporte, et par sa couleur d'un beau jaune.

2.ᵉ Tribu. Fusidiées. *Sporidies non cloisonnées, indéhiscentes, naissant dessus ou dessous l'épiderme des végétaux morts.*

§. 1.ᵉʳ *Sporidies se développant sous l'épiderme des plantes mortes, et particulièrement des jeunes branches ; base nulle ou peu développée.*

7. Melanconium, Link.

Sporidies libres, non cloisonnées, presque globuleuses, sortant de dessous l'épiderme sous forme pulvérulente.

La seule espèce connue de ce genre, le *M. atrum*, croît sur les rameaux, particulièrement sur ceux du hêtre. Link dit qu'il existe une base charnue peu apparente sous les sporidies.

8. Cryptosporium, Kunze.

Sporidies fusiformes, réunies par groupes sous l'épiderme, qui ne se rompt jamais.

On ne connoît qu'une seule espèce de ce genre, le *C. atrum*, qui naît sur les feuilles et les tiges des graminées, sur lesquelles elle forme de petites taches noires, nombreuses et alongées, qui renferment des sporidies fusiformes et en général légèrement arquées.

9. NEMASPORA, Ehrenberg.

Sporidies mêlées à une substance mucilagineuse, se développant sous l'épiderme des végétaux morts ou malades, et sortant souvent sous forme de spirales gélatineuses.

Le genre *Nemaspora* renferme des plantes très-différentes; celles qui sont dépourvues de péridium, et qui naissent simplement sous l'épiderme, appartiennent seules à ce genre, et se rapportent à cette famille; les autres forment le genre *Cytispora* dans la famille des HYPOXYLÉES.

§. 2. *Sporidies se développant sur l'épiderme des plantes mortes; base nulle.*[1]

10. ACHITONIUM, Nées.

Sporidies globuleuses, transparentes, réunies par groupes.

On ne connoît qu'une seule espèce de ce genre, l'*Achitonium acicola*, Nées; elle croît sur les feuilles du pin sauvage, sur lesquelles elle forme de petites taches orangées, presque globuleuses.

11. FUSIDIUM, Link.

Sporidies fusiformes, libres, rapprochées par groupes.

Link, dans la seconde partie de ses observations, a réuni les genres *Fusidium*, *Fusarium* et *Fusisporium* en un seul; mais, malgré leur affinité, si on adopte les bases de sa classification, ils doivent rester séparés.

12. CYLINDROSPORIUM, Greville.

Sporidies cylindriques, tronquées, non cloisonnées, nues, libres, réunies en amas sur l'épiderme des feuilles vivantes.

---

1 La description incomplète que Persoon a donnée de son genre *Fumago* (*Myc. europ.*, p. 9) ne permet pas de fixer exactement sa place. Il paroît cependant se rapprocher de ce groupe : il se présente sous la forme de taches noires très-étendues et pulvérulentes sur les feuilles vivantes de divers arbres, tels que les érables, les tilleuls, les ormes, les pommiers, les orangers, etc.

Ce genre ne diffère du précédent que par la forme tron-
quée des sporidies; peut-être seroit-il plus convenable de
les réunir. Une seule espèce a été observée par M. Greville.

§. 3. *Sporidies éparses à la surface d'une base charnue ou
fibreuse saillante.*

13. Ægerita, Pers.

Sporidies globuleuses, éparses à la surface d'une base
sessile arrondie.

L'*ægerita candida* de Persoon est le type de ce genre;
les autres espèces sont encore mal connues et doivent peut-
être s'en éloigner.

14. Epicoccum, Link.

Sporidies globuleuses, distinctes, adhérentes à une base
solide arrondie.

Ce genre, qui ne diffère du précédent que par ses sporidies
plus adhérentes à la base qui les supporte, nous paroitroit
devoir lui être réuni.

15. Dermosporium, Link.

Sporidies globuleuses, serrées et couvrant exactement,
comme une sorte de membrane, la base sphérique et
solide qui les supporte.

C'est auprès de ce genre que doit se placer le genre *Psi-
lonia* de Fries (*Novit. Succ.*, V, p. 78), qui a pour type le
Tubercularia buxi de De Candolle (Fl. franc., Suppl., pag.
110), mais dont le caractère distinctif ne nous est pas
encore bien connu.

16. Illosporium, Martius.

Sporidies presque globuleuses, colorées, éparses à la surface d'une membrane granuleuse et en forme de vésicule.

Cette plante, qui croit sur le thallus de divers lichens,
n'est encore connue que très-imparfaitement, et seroit peut-
être mieux placée auprès des genres de la section suivante:
sa couleur est d'un rouge assez vif.

17. Fusarium, Link.

Sporidies fusiformes, diffluentes, éparses à la surface d'une
base charnue, sessile, arrondie ou irrégulière.

On connoit deux espèces de ce genre, dont la base charnue est remarquable par sa couleur rose dans l'une (*F. ro-*

seum, Link) et orangée dans l'autre (*F. lateritium*, Nées) : la première croit sur les tiges mortes des malvacées, l'autre sur les branches d'arbres.

3.ᵉ *TRIBU*. BACTRIDIÉES. *Sporidies uniloculaires, opaques, fixées ou rarement éparses, renfermant des sporules nombreuses extrémement ténues, qui en sortent à la maturité.*

18. CONISPORIUM, Link.

Sporidies ovales ou oblongues, opaques, couvertes extérieurement de grains très-petits.

Ce n'est qu'avec doute que nous plaçons ici ce genre, qui n'a été observé que par Link; nous suivons en cela l'opinion de Fries. La seule espèce connue, le *C. olivaceum*, a été découverte en Portugal sur les tiges du pin maritime.

19. BACTRIDIUM, Kunze.

Sporidies nues, éparses à la surface de filamens rameux, articulés, tronqués au sommet : ces sporidies sont réunies par groupes: elles sont alongées, transparentes aux extrémités et remplies dans leur centre d'une matière pulvérulente.

On ne connoit qu'une espèce de ce genre, le *B. flavum* (Kunze): elle est d'un beau jaune et croit sur les branches d'arbres humides. La présence de filamens articulés, entremêlés avec les sporidies, paroîtroit éloigner ce genre des Urédinées : mais on ne peut cependant pas le séparer du genre suivant.

20. APIOSPORIUM, Kunze.

Sporidies pyriformes, opaques, pulvérulentes, extérieurement fixées par leur base et rapprochées par groupes, renfermant des sporules globuleuses, transparentes, mêlées à une substance gélatineuse.

Ce genre seroit peut-être mieux placé près des *Sphæria;* la matière gélatineuse qui est mêlée aux sporules, peut le faire présumer. Kunze en décrit deux espèces, qui croissent l'une sur l'écorce du saule, et l'autre sur celle du sapin.

21. SCLEROCOCCUM, Fries.

Sporidies globuleuses, non cloisonnées, réunies intimement entre elles et avec une base tuberculeuse charnue.

Le type de ce genre, encore mal connu, est le *Spiloma*

sphærale d'Acharius; nous le rapportons à cette section , d'après l'opinion de Fries.

4.° *Tribu.* Stilbosporées. *Sporidies cloisonnées , libres ou fixées , naissant dessus ou dessous l'épiderme des végétaux morts.*

§. 1.ᵉʳ *Sporidies libres, cloisonnées, sortant de dessous l'épiderme des plantes mortes ou malades.*

22. Didymosporium , Nées.

Sporidies alongées , séparées en deux par une cloison transversale naissant sous l'épiderme , à la surface d'une base peu saillante, et se répandant sous forme de poussière.

La seule espèce connue, le *Didymosporium complanatum* de Nées, vient sur les branches mortes , sur lesquelles elle forme des taches noires entourées par l'épiderme.

Le genre *Bullaria* de la Flore françoise ne paroît pas, d'après la description , différer de celui-ci.

23. Septaria , Fries.

Sporidies cylindriques, transparentes, cloisonnées. sortant de dessous l'épiderme des feuilles, avec un mélange de matière gélatineuse.

Fries a formé ce genre sur le *Stilbospora Uredo* de M. De Candolle (*Mem. Mus. hist. nat. Par.*), qu'on avoit successivement placé parmi les *Sphæria* et les *Fusidium*. A cette espèce , qui croît sur l'orme . Kunze en a ajouté une nouvelle, qui habite sur les feuilles de l'aubépine. et qui en diffère par ses sporidies divisées en 8-12 loges par des cloisons transversales.

24. Stilbospora , Link.

Sporidies ovales ou oblongues , cloisonnées, sortant de dessous l'écorce des arbres en amas irréguliers.

25. Asterosporium , Kunze.

Sporidies étoilées, cloisonnées, sortant sous forme d'amas irréguliers de dessous l'épiderme des végétaux morts.

Ce genre a été formé par Kunze aux dépens des *Stilbospora*; il ne renferme jusqu'à présent que le *Stilbospora asterospora* de Persoon : peut-être ne diffère-t-il pas suffisamment du précédent.

26. Prostemium, Kunze.

Sporidies fusiformes, cloisonnées, réunies deux ou trois par la base avec quelques filamens courts et également cloisonnés, divergeant comme une étoile et sortant de dessous l'épiderme.

On ne connoît qu'une seule espèce de ce genre, très-voisin des Stilbospores et surtout de l'*Asterosporium* : les filamens cloisonnés, qui sont réunis avec les vraies sporidies, ressemblent tellement à celles-ci par la grandeur, la forme et la disposition des cloisons, qu'ils ne paroissent que des sporidies avortées ou déjà dépourvues des sporules qui les remplissent ordinairement.

§. 2. *Sporidies oblongues, cloisonnées, fixées par une de leurs extrémités.*

27. Coryneum, Nées.

Sporidies fusiformes, cloisonnées, opaques, pédicellées, droites, sortant de dessous l'épiderme et insérées sur une base granuleuse peu saillante.

Ces plantes ressemblent beaucoup, pour la manière de se développer, aux Puccinies et aux Phragmidium ; mais elles croissent sur les tiges mortes. Kunze a ajouté plusieurs espèces de ce genre à celle déjà décrite par Nées.

28. Exosporium, Link. (*Conoplea ?* Pers.)

Sporidies oblongues ou linéaires, cloisonnées, insérées sur une base plus ou moins saillante, solide; naissant de dessous l'épiderme.

Link pense que son genre *Exosporium* ne diffère pas du genre *Conoplea* de Persoon, et doit être réuni avec lui. Cependant, d'après M. Ehrenberg, les vrais *Conoplea* seroient très-différens de ce genre, et appartiendroient à la tribu des Byssacées, auprès des *Chloridium*. (Voyez plus bas.)

29. Sporidesmium, Link.

Sporidies opaques, cloisonnées, pédicellées, droites, naissant par groupes sur l'épiderme des plantes mortes.

Ce genre diffère des deux précédens, en ce qu'il naît dessus et non dessous l'épiderme, et par l'absence de toute base distincte, qui, comme nous l'avons dit, en est une conséquence.

3o. **Seiridium**, Nées.

Sporidies opaques, oblongues, séparées en plusieurs loges par des étranglemens filiformes, insérées par leur base et par groupes sous l'épiderme, qu'elles soulèvent.

31. **Antennaria**, Link.

Sporidies de deux sortes; les unes sous forme de filamens moniliformes, les autres oblongues ou fusiformes, cloisonnées, sortant de dessous l'épiderme endurci, formant un faux péridium.

La seule espèce connue de ce genre croît sur les tiges et les feuilles vivantes des sapins. M. Nées la place parmi les Hypoxylons, auprès des *Hysterium;* mais elle nous paroît avoir plus d'analogie avec les Urédinées.

52. **Phragmotrichum**, Kunze.

Sporidies composées d'articles rhomboïdaux placés bout à bout, séparés par des étranglemens cylindriques, sortant de dessous l'épiderme par groupes et réunis par la base des pédicelles en une même masse.

La seule espèce qui compose ce genre a été décrite et figurée par Kunze, sous le nom de *P. Chailletii;* elle a été trouvée sur les cônes de sapin, dans le Jura, par M. Chaillet.

MUCÉDINÉES.

Sporidies simples, nues, portées sur des filamens simples ou rameux, continus ou cloisonnés, quelquefois renfermées dans leur intérieur et formant des sporidies monosporées ou rarement polysporées.

Obs. Ces plantes naissent quelquefois sur les plantes vivantes, mais plus souvent sur les végétaux morts et sur les substances en décomposition : elles sortent très-rarement de dessous l'épiderme; mais elles sont, en général, fixées à la surface des corps sur lesquels elles croissent. Leur développement est très-rapide, et leur existence est presque toujours de peu de durée.

Cette famille, qui se lie à la précédente par sa première tribu, dont l'organisation ne diffère que peu de celle des derniers genres d'Urédinées, s'en distingue surtout par la présence de véritables filamens, qui renferment ou supportent des sporules ou des sporidies presque toujours simples, tandis que dans les Urédinées on observe le plus souvent des sporidies cloisonnées et polysporées. Elle diffère des Lycoperdacées, qui s'en rapprochent par leur structure filamenteuse, en ce que les filamens des Mucédinées sont presque toujours distincts, et, lorsqu'ils sont unis, ne forment jamais un péridium qui enveloppe les sporules. Enfin, on la distingue des vrais champignons par sa structure filamenteuse et par l'absence de ces sporidies polysporées et fixées par leur base, auxquelles on a donné le nom de thèques, et qui couvrent presque constamment une partie de la surface de ces champignons.

1.re *TRIBU*. PHYLLÉRIÉES. *Filamens simples, continus, contenant les sporules dans leur intérieur, naissant sur les feuilles vivantes.*

1. TAPHRIA, Fries.

Filamens courts, ovoïdes, granuliformes, non cloisonnés, rapprochés par groupes très-serrés à la surface des feuilles.

Ce genre a pour type l'*Erineum aureum*, Pers., qui croît sur les feuilles des peupliers, du tremble, etc. L'analogie dans la manière de se développer de cette plante l'a fait placer ici auprès des *Erineum* ; car sa structure la rapprocheroit peut-être davantage des Urédinées, en regardant ce que nous nommons filamens comme des sporidies. L'*Erineum griseum* de Persoon et quelques espèces nouvelles, décrites par Kunze, appartiennent à ce genre.

2. ERINEUM. Fries, *Rubiginis spec.*, Link.

Filamens courts, simples, renflés au sommet en une sorte de vésicule ou de cupule irrégulière ; rapprochés par groupes assez serrés sur les feuilles vivantes.

C'est dans ce genre que restent le plus grand nombre des espèces d'*Erineum* de Persoon, tels que les *E. acerinum*, Pers.; *betulæ*, Dec. ; *betulinum*, Rebent. ; *fagineum*, Pers.; *curtum* et *agariciforme* de Greville.

3. RUBIGO, Fries? *Rubiginis spec.*, Link.

Filamens rameux, difformes, renflés à leurs extrémités en tubercules irréguliers, rapprochés par groupes sur les feuilles vivantes.

Fries, après avoir conservé le nom d'*Erineum* au genre *Rubigo* de Link, et avoir donné celui de *Phyllerium* aux *Erineum* de cet auteur, admet ces deux genres dans le tableau des genres qui est en tête de son *Systema mycologicum*. sans en donner les caractères. Il nous a paru que si on vouloit subdiviser le genre *Erineum*, l'espèce qui méritoit de former un genre distinct auquel le nom de *rubigo* convient très-bien, étoit l'*Erineum alneum*, auquel on doit, peut-être, joindre l'*E. populinum*, Pers. Leur forme irrégulière et leur couleur orangée les distinguent assez bien des espèces du genre précédent; mais, peut-être, seroit-il plus convenable de réunir en un seul genre, comme Persoon l'avoit fait, les trois genres que nous venons d'indiquer, ainsi que le suivant, qui en diffère cependant davantage. C'est ce qu'ont fait M. Kunze et M. Greville dans les deux monographies qu'ils ont publiées de ces genres.

4. Phyllerium, Fries.

Filamens simples, contournés, cylindriques ou comprimés, non cloisonnés, amincis à leurs extrémités, rapprochés par groupes sur les feuilles vivantes.

A ce genre appartiennent les *Erineum tiliaceum*, Pers., *vitis*, Pers., *pyrinum*, Pers., *purpureum*, Dec., *ilicinum*, Dec., *tortuosum*, Greville, etc.

5. Cronartium, Fries.

Filamens simples, non cloisonnés, cylindriques, atténués au sommet, renflés en un tubercule à leur base.

Ce genre, qui ne diffère au premier aspect du précédent que par ses filamens renflés inférieurement. a pour type l'*Erineum asclepiadeum*, Funk. Kunze en a donné une bonne figure et une excellente description. Suivant lui, ces filamens ne sont que des tubes analogues à ceux des *Ræstelia* parmi les *Æcidium*, et ce genre devroit être rangé parmi les Urédinées. Il a vu, en effet, les sporules contenues dans ces tubes se répandre au dehors, comme les sporidies des *Æcidium*. Ces observations confirment les rapports qui nous paroissent exister entre le groupe des Phyllériacées et les Urédinées, mais ne nous empêchent pas de regarder ce genre comme plus voisin des *Erineum* que des *Uredo*.

2.ᵉ *TRIBU*. MUCORÉES. *Filamens transparens, cloisonnés, fugaces, se renflant à l'extrémité en une vésicule membraneuse qui renferme les sporules.*

6. PILOBOLUS, Pers.
Filamens simples, continus, renflés au sommet, et supportant une vésicule globuleuse qui se détache et est lancée avec
élasticité à la maturité.

7. DIAMPHORA, Martius.
Filamens cloisonnés, droits, bifides au sommet, et terminés
par deux vésicules membraneuses, operculées.

M. Martius a découvert ce genre remarquable sur les
fruits pourris du *joncquetia*, au Brésil, dans la province de
Para. Il forme de très-petites touffes, composées de filamens
droits, cloisonnés, transparens, simples inférieurement, ou
émettant de leur base quelques filamens divergens et rampans, bifides au sommet et dont chacun des rameaux se
termine par une vésicule cylindrique brune, attachée latéralement à ce rameau et s'ouvrant par un opercule arrondi
roux. Les sporules que renferment ces vésicules sont remarquables en ce qu'elles sont de deux formes; les unes assez
grosses, elliptiques et cloisonnées; les autres, qui paroîtroient
avortées, sont beaucoup plus petites et globuleuses.

8. DIDYMOCRATER, Martius.
Filamens droits, cloisonnés, simples; vésicules cylindriques,
géminées et sessiles au sommet de chaque filament, et s'ouvrant au sommet par un orifice arrondi.

Une des espèces de ce genre a été observée en Allemagne par M. Martius, qui l'a décrite dans sa Flore d'Erlang. Le même auteur en a découvert une nouvelle espèce
au Brésil, et il a donné d'excellentes figures de l'une et de
l'autre dans les Actes de l'Académie Cés. Léop. des curieux
de la nature, tome X; mais il n'indique pas exactement
comment ces vésicules s'ouvrent. La forme arrondie de l'orifice paroîtroit annoncer qu'il y a eu un opercule; dans ce
cas ce genre différeroit bien peu du précédent.

9. Mucor, Link; *Mucoris spec.*, Pers.; *Mucor* et *Rhizopus*, Ehrenb.

Filamens simples ou rameux, terminés par des vésicules membraneuses, à peu près sphériques.

Le genre *Rhizopus* d'Ehrenberg ne diffère que par ses filamens, naissant par faisceaux sur d'autres filamens rampans. On trouvera dans les Actes de l'Académie Cés. Léop. des curieux de la nature, tome X, des observations très-curieuses du même auteur sur le développement de cette espèce de Mucor. M. Martius a décrit et figuré dans le même ouvrage plusieurs espèces très-élégantes de ce genre, qu'il a observées au Brésil.

10. Ascophora, Tode.

Filamens simples ou rameux, terminés par une vésicule globuleuse, se renversant en forme de cloche après sa rupture.

11. Thelactis, Mart.

Filamens principaux simples, droits, portant à leur sommet une vésicule de forme variable, donnant naissance vers leur base à des filamens secondaires, verticillés, simples, terminés par de petites vésicules.

M. Martius a figuré plusieurs espèces très-élégantes de ce genre, qu'il a découvertes sur diverses plantes pourries au Brésil.

12. Thamnidium, Link.

Filamens principaux simples, droits, portant à leur sommet une vésicule membraneuse sphérique, pleine de sporules, et donnant naissance vers leur base à des filamens ramifiés, épars, terminés par des sporidies solitaires.

Peut-être devroit-on réunir le genre *Thelactis* au *Thamnidium*. Le caractère principal, qui consiste à présenter une vésicule terminale polysporée, et des rameaux secondaires terminés par de petites vésicules monosporées, existe dans tous les deux; la seule différence est, que dans le *Thamnidium* les filamens secondaires sont rameux et alternes sur le filament principal, tandis que dans le *Thelactis* ils sont simples et verticillés.

13. Aspergillus; *Aspergillus* et *Polyactis*, Link.

Filamens droits ou ascendans, simples ou rameux; rameaux

renflés au sommet; sporules globuleuses, d'abord renfermées dans l'intérieur des filamens et ensuite réunies par groupes serrés autour des extrémités des rameaux.

Le genre *Polyactis* de Link ne diffère de l'*Aspergillus* qu'en ce que chaque rameau, au lieu d'être simple à son extrémité, est divisé en plusieurs petits ramuscules courts et renflés qui portent les sporules; du reste ces deux genres se ressemblent tellement qu'il ne nous a pas paru possible de les séparer.

M. Ehrenberg a observé dans ce genre le même mode de développement des sporules que dans les vrais mucors, c'est-à-dire qu'il les a vues d'abord renfermées dans les extrémités renflées des rameaux, en sortir ensuite et rester en partie agglutinées à l'extrémité de ces rameaux. La même chose a lieu dans le genre *Zyzygites* de ce botaniste.

14. ZYZYGITES, Ehrenberg.

Vésicules insérées deux par deux latéralement sur les filamens.

Ce genre, que nous ne connoissons que par le peu que M. Ehrenberg en a dit dans ses *Sylvæ mycologicæ berolinenses*, ne diffère, suivant lui, de l'*Aspergillus*, que par les vésicules latérales et non terminales; mais il a observé en outre dans ces plantes une union des filamens analogue à celle des conjugées de Vaucher.

15. EUROTIUM, Link.

Filamens rameux, cloisonnés, rayonnans, rampans; vésicules sessiles, sphériques; sporules agglomérées.

Le type de ce genre est le *Mucor herbariorum* de Persoon. Plusieurs auteurs ont placé ce genre parmi les *Lycoperdacées* auprès des *trichia*, etc.; mais il nous semble mieux placé auprès des mucors, parce que l'enveloppe des sporules est membraneuse et non de structure fibreuse, comme le péridium des Lycoperdacées. Les filamens qui leur servent de support, nous paroissent aussi indiquer son analogie avec les Mucédinées.

3.ᵉ *Tribu*. **Mucédinées vraies.** *Filamens distincts ou lâchement entre-croisés, transparens, fugaces, souvent cloisonnés ; sporules renfermées dans les derniers articles des filamens, qui se séparent à la maturité, ou éparses à la surface de ces filamens.*[1]

§. 1.ᵉʳ *Botrytidées.* Filamens redressés, sporidies ou sporules ordinairement réunies par groupes.

16. **Aerophyton**, Eschweiler.

Filamens rameux, articulés, renflés vers leurs extrémités, qui portent des groupes de sporidies polysporées.

Ce genre, qui a beaucoup du port et de l'aspect du genre *Aspergillus*, en diffère en ce qu'au lieu de porter à l'extrémité de ses rameaux des amas de sporidies monosporées ou des sporules nues, il présente des groupes de sporidies membraneuses, ovoïdes, renfermant des sporules globuleuses très-petites.

La seule espèce connue de ce genre a été observée par M. Eschweiler sur des feuilles conservées en herbier du *Casselia brasiliensis*, recueilli par le prince de Neuwied.

17. **Dactylium**, Nées.

Filamens simples, droits, portant à leur sommet plusieurs sporidies oblongues ou fusiformes, cloisonnées transversalement.

Ce genre est le seul parmi les Mucédinées qui présente des sporidies divisées par des cloisons transversales nom-

---

1 Dans ce dernier cas elles paroissent tantôt être formées par de petits rameaux insérés sur différens points des filamens, et ne renfermant chacun qu'une seule sporule ; ces rameaux se détachent à l'époque de la dispersion des sporules, qui, dans ce cas, sont recouvertes par la membrane qui forme le filament : tantôt les sporules, d'abord renfermées en grand nombre dans l'intérieur des filamens, paroissent en être sorties et s'être répandues à leur surface ; dans ce dernier cas elles diffèrent à peine de la tribu précédente.

Cette différence de structure, qui pourroit donner de bons caractères pour distribuer les genres de cette famille, n'a malheureusement pas été observée avec assez d'exactitude pour qu'on puisse l'employer ; c'est ce qui nous oblige à avoir recours aux deux divisions artificielles que nous avons adoptées.

breuses, et qui paroissent évidemment n'être que des rameaux dans un état de développement différent.

18. Penicillium , Link.

Filamens simples ou rameux, terminés par un faisceau de rameaux couverts de sporules formant un capitule terminal.

19. Botrytis, Link.

Filamens droits, entre-croisés à leur base, rameux; à rameaux en corymbe; sporules globuleuses, réunies vers les extrémités des rameaux.

Il seroit peut-être convenable de réunir à ce genre les deux suivans et le précédent, qui n'en diffèrent que par des caractères bien légers : c'est ce que Persoon a fait dans sa Mycologie européenne, et on devroit peut-être adopter son opinion à cet égard. Nous avons cependant préféré rapporter les caractères de ces genres, qu'on pourra regarder comme des sous-genres.

20. Cladobotryum , Nées.

Filamens ascendans, se divisant dès la base en corymbe; sporules oblongues, éparses vers les sommets des rameaux.

21. Stachylidium , Link.

Filamens ascendans, entre-croisés à leur base ; rameaux verticillés, courts et obtus ; sporidies globuleuses, réunies autour des verticilles.

22. Verticillium , Nées.

Filamens droits, rameux, rapprochés par touffes; rameaux verticillés; sporidies globuleuses, solitaires à l'extrémité des rameaux.

Ce genre ne diffère absolument du genre *Acremonium* que par sa tige dressée. Du reste, la forme et la disposition des sporules sont exactement les mêmes.

23. Virgaria , Nées.

Filamens droits, rameux; à rameaux redressés et plusieurs fois divisés; sporules globuleuses, éparses ou réunies vers les extrémités.

De même que nous croyons qu'on pourroit réunir au *Botrytis* plusieurs des genres voisins, de même on devroit peut-être réunir en un seul les genres *Virgaria*, *Haplaria* et *Acladium*, qui ont beaucoup du même aspect, et qui diffèrent à peine par leurs caractères.

24. HAPLARIA, Link.

Filamens simples ou peu rameux, droits, épars; sporules globuleuses, réunies par groupes çà et là à la surface des filamens.

25. ACLADIUM, Link.

Filamens simples, ou à rameaux dressés, rapprochés par touffes serrées; sporules ovales ou oblongues, réunies vers les extrémités des rameaux.

26. POLYTHRINCIUM, Kunze.

Filamens droits, simples, composés d'articles très-nombreux et très-rapprochés; sporidies éparses à leur surface, divisées en deux loges par une cloison transversale.

Kunze place ce genre parmi les Urédinées, auprès du genre *Phragmidium*, parce qu'il croît, comme lui, sur les feuilles des plantes vivantes; mais la structure, d'après la description qu'il en donne, nous paroît entièrement différente de celle de ces genres : il se rapproche plutôt des *Monilia* ou du genre *Acrosporium*, Nées. L'espèce décrite par Kunze est commune, suivant lui, sur les feuilles de diverses espèces de trèfle.

27. ACROSPORIUM, Nées; *Alysidium*, Kunze.

Filamens simples, droits, moniliformes, réunis par touffes; articles se séparant sous forme de sporidies globuleuses ou ovales, et se répandant à la surface des autres filamens.

Ce genre est, parmi les mucédinées droites, l'analogue du genre *Oidium* parmi celles à filamens décumbens. Nous réunissons à ces plantes le genre *Alysidium* de Kunze, qui ne diffère de l'*Acrosporium* que par les sporules ovoïdes et non globuleuses.

§. 2. *Sporotrichées.* Filamens décumbens; sporidies ou sporules ordinairement éparses.

28. OIDIUM, Link.

Filamens rameux, cloisonnés, décumbens, entre-croisés, articulés vers les extrémités; articles ovoïdes, se séparant et se répandant à la surface des filamens.

Ce genre, qui diffère à peine du suivant, nous paroîtroit devoir lui être réuni; il ne se distingue, en effet, que par ses articles ovoïdes et non tronqués : il croît sur le bois pourri et sur les fruits en décomposition. Le *Trichoderma aureum* de Persoon est, suivant Link, le type de ce genre ; mais Persoon assure que ce n'est pas la même plante.

29. GEOTRICHUM, Link.

Filamens cloisonnés, rameux, décumbens, entre-croisés, se séparant vers les extrémités en articles tronqués aux deux extrémités qui se répandent à la surface des filamens.

La seule espèce de ce genre qu'on connoisse, croît sur la terre, dans les bruyères ; elle y forme des taches blanches, semblables à un léger duvet.

30. SPOROTRICHUM, Link ; *Aleurisma, Collarium, Sporotrichum, Asporotrichum*, Link.

Filamens cloisonnés, rameux, décumbens ou redressés, entre-croisés ; sporules arrondies, éparses à leur surface.

Ce genre, auquel on devroit peut-être réunir plusieurs des suivans, est très-nombreux en espèces qui croissent sur les arbres pourris et sur les végétaux en décomposition ; elles varient beaucoup pour la couleur des sporidies et des filamens.

Link, après avoir distingué les genres *Sporotrichum, Asporotrichum, Aleurisma* et *Collarium*, les a lui-même réunis dans la monographie qu'il a donnée de ce genre dans les Annales de botanique. (*Jahrbücher der Gewächskunde, fasc.* 1, p. 163.)

31. BYSSOCLADIUM, Link.

Filamens rameux, cloisonnés, décumbens, étendus en rayonnant ; sporules petites, globuleuses, éparses.

La disposition seule des filamens non entre-croisés distingue ce genre du précédent. La seule espèce connue vient sur les vitres humides, sur lesquelles elle forme de petites taches noires, arrondies, d'une ligne environ de diamètre. Cette plante paroit être la même que celle que Roth a décrite sous le nom de *Conferva fenestralis*, et paroit très-voisine du *Conferva dendritica* d'Agardh, dont Fries a formé son genre *Dendrina*. Dittmar, qui a figuré le *Byssocladium fenestrale* dans ses *Fungi germanici*, a réuni ce genre au *Sporotrichum*. Il nous semble cependant mériter d'être conservé, à cause de la structure et de la disposition de ses filamens.

32. FUSISPORIUM, Link.

Filamens rameux, rapprochés par touffes, cloisonnés ; sporidies fusiformes, réunies par groupes vers le centre des touffes de filamens.

Le *Fusisporium aurantiacum*, Link, la seule espèce connue de ce genre, forme des plaques assez étendues sur les fruits des cucurbitacées qui commencent à se pourrir.

33. ARTHRINIUM, Kunze.

Filamens simples, décumbens, entre-croisés, transparens, cloisonnés; cloisons très-nombreuses, épaisses et opaques; sporidies fusiformes, presque opaques, beaucoup plus grosses que les filamens, et éparses parmi eux.

Kunze a découvert ce genre sur les feuilles sèches des Carex : il a quelque analogie avec les genres *Fusisporium* et *Epochnium* de Link par la forme de ses sporidies ; il en diffère cependant beaucoup par leur grosseur relativement aux filamens, par leur demi-opacité et par la structure de ces filamens qui ressemblent plus à certaines Conferves qu'aux filamens des Mucédinées.

Depuis il en a été découvert deux autres espèces, l'une sur le *Scirpus sylvaticus;* l'autre, qui croît aussi sur les Carex, a été décrite par M. De Candolle sous le nom de *Conoplea pucci-noides*, et par Fries sous celui de *Xyloma caricinum.* Cette dernière diffère beaucoup des deux précédentes par ses sporidies très-petites et anguleuses.

Enfin, une quatrième espèce a été découverte par M. Nées d'Ésenbeck, qui l'avoit indiquée comme un genre nouveau sous le nom de *Sporophleum* : elle croît sur les feuilles des graminées. Ses sporidies sont très-petites, comme celles de l'espèce précédente, mais fusiformes comme dans les deux premières.

34. SCOLICOTRICHUM, Kunze.

Filamens simples, décumbens, vermiformes, non cloison-nés; sporidies oblongues, opaques, divisées en deux loges par une cloison transversale, entremêlées avec les filamens.

La seule espèce décrite de ce genre vient sur les ra-meaux du cerisier : elle est d'une couleur verdâtre, qui lui a fait donner le nom de *Scolicotrichum virescens.*

35. TRICHOTHECIUM, Link.

Filamens rameux, décumbens, cloisonnés, rapprochés par touffes; sporidies éparses à leur surface, ovoïdes, séparées en deux par une cloison transversale.

Le *Trichoderma roseum*, Pers., forme le type de ce genre,

auquel on devroit peut-être réunir le précédent, qui n'en diffère que par ses filamens simples et non cloisonnés.

56. SEPEDONIUM, Link.

Filamens entre-croisés, se développant sur les champignons pourris ; sporidies très-nombreuses, arrondies, entremêlées avec les filamens.

L'*Uredo mycophila* de Persoon est le type de ce genre : il paroît sortir de l'intérieur même des champignons, et particulièrement des Bolets qui commencent à se décomposer. Les filamens, qui sont mêlés avec les sporidies, ont été négligés par la plupart des auteurs ; ils sont cependant bien distincts du tissu du champignon qui les supporte.

Cette cryptogame est très-commune en automne : elle est d'un beau jaune.

57. MYCOGONE, Link.

Filamens entre-croisés, naissant sur les champignons en putréfaction ; sporidies pédicellées, très-nombreuses.

Cette plante, qui n'a été décrite que par Link, nous paroît très-voisine du genre *Acremonium*, dont cet auteur ne paroît l'avoir distinguée que par la manière dont elle se développe sur les champignons en décomposition et par ses sporidies plus nombreuses.

La seule espèce connue est d'un rose tendre.

58. EPOCHNIUM, Link.

Filamens rapprochés par touffes, cloisonnés, rameux ; sporidies oblongues, portées sur un court pédicelle filiforme, éparses sur les filamens.

Ce genre diffère très-peu du genre *Fusisporium*, et nous pensons qu'il seroit peut-être plus convenable de les réunir en un seul ; les sporidies de celui-ci se disposent souvent par série, comme dans les Monilies. Aussi l'espèce décrite par Link sous le nom d'*Epochnium moniloides*, est-elle, suivant cet auteur, la même que le *Monilia fructigena* de Persoon. Ce dernier affirme cependant que sa plante appartient au genre *Oideum*, ce que paroît prouver la description qu'en a donnée M. Ehrenberg. (*Voy. Nov. act. acad. Cæs. Leop. nat. cur.*, t. X.)

59. ACREMONIUM, Link.

Filamens peu rameux, distincts, cloisonnés ; sporidies solitaires, portées à l'extrémité de longs pédicelles.

Ces plantes croissent sur les bois morts et les feuilles sèches. On en connoît deux espèces : l'une, *Acremonium verticillatum*, Link, présente à chaque articulation du filament principal trois à quatre petits rameaux verticillés, terminés par une sporidie; dans l'autre, *Acremonium alternatum*, Link, les rameaux sont alternes.

4.ᵉ *TRIBU*. BYSSACÉES. *Filamens distincts, mais souvent très-entre-croisés, opaques, continus ou rarement cloisonnés; sporidies éparses à la surface des filamens ou formées par leurs articles.*

§. 1.ᵉʳ *Chloridiées*. Filamens continus ou rarement cloisonnés; sporidies éparses, extérieures.

40. ACTINOCLADIUM, Ehrenberg.

Filamens droits, roides, cylindriques, presque transparens, cloisonnés, divisés en ombelle au sommet; sporules transparentes, éparses.

La seule espèce connue de ce genre forme des taches rosées sur l'écorce des charmes. M. Ehrenberg l'a nommé *A. rhodospermum*. Ses filamens sont noirs, courts, divisés en trois rameaux; les sporules sont assez grosses et éparses, d'un rose violet. Jamais M. Ehrenberg n'a pu observer leur insertion aux filamens.

41. CONOPLEA, Pers.

Filamens roides, simples ou peu rameux, rapprochés par touffes arrondies; sporidies (sporules?) réunies en amas vers la base des filamens.

Ce genre est resté long-temps un des plus douteux de cette famille. Link avoit regardé son genre *Exosporium* comme la même chose que le *Conoplea* de Persoon et l'avoit rapporté par cette raison aux Urédinées. M. Nées l'avoit entièment passé sous silence. Enfin, M. Ehrenberg, ayant observé le *Conoplea hispidula* de Persoon, a prouvé que ce genre devoit être distingué de l'Exosporium et devoit se placer auprès du *Chloridium*.

42. CHLORIDIUM, Link.

Filamens simples ou peu rameux, redressés, opaques, continus, rapprochés par touffes; sporidies (sporules ?) nombreuses, globuleuses, libres et éparses.

On connoît deux ou trois espèces de ce genre, qui croissent sur les bois pourris.

43. Campsotrichum, Ehrenberg.

Filamens droits, entre-croisés, rameux, flexueux, roides et opaques; rameaux subdivisés, divariqués, courts et flexueux; sporidies transparentes, fixées aux extrémités des rameaux.

Ehrenberg a décrit deux espèces de ce genre; l'une croît sur les *Usnea*; ses filamens sont noirâtres et ses sporidies d'un brun roux : l'autre, qui naît sur les feuilles d'un arbre de l'île Sainte-Catherine au Brésil, ne diffère de la précédente que par ses sporidies noires.

44. Myxotrichum, Kunze; *Oncidium*, Fr. Nées.

Filamens continus, très-rameux, entre-croisés; sporidies nombreuses, presque globuleuses, demi-transparentes, réunies en amas, enveloppées d'une substance gélatineuse et fixées sur les filamens.

Ce genre, très-voisin du *Campsotrichum*, dont il a tout-à-fait l'aspect, mais dont il diffère par la disposition des sporidies, renferme deux espèces : l'une croît sur les papiers moisis, l'autre sur les murs humides; toutes deux sont noirâtres : dans la première les extrémités des rameaux sont très-alongées et recourbées en crochet; dans la seconde elles sont droites.

45. Circinotrichum, Nées.

Filamens décumbens, minces, entre-croisés et contournés en spirale, opaques; sporidies fusiformes, transparentes, éparses et entremêlées avec les filamens.

La seule espèce connue de ce genre croît sur les feuilles mortes, sur lesquelles elle forme des taches arrondies, d'un noir olivâtre. Ses filamens opaques et continus la rapprochent des Byssus, tandis que la forme de ses sporidies est analogue à celle des mêmes organes dans les genres *Fusisporium*, *Epochnium*, etc.

46. Helicosporium, Nées.

Filamens droits, roides, presque simples, opaques; sporidies contournées en spirale, cloisonnées, se détachant de bonne heure et restant entremêlées avec les filamens.

Ce genre ne diffère du genre *Helicomyces* que par ses filamens principaux, roides et continus, qui manquent dans l'*Hélicomyces*. Du reste, la plante entière de ce dernier genre ressemble complétement aux sporidies de celui-ci, et peut-être devroit-on rapporter ici le genre *Helicomyces*.

47. HELMISPORIUM, Link ; *Helminthosporium*, Pers., *Myc. eur.*

Filamens droits, roides, peu rameux, opaques, continus, rapprochés; sporidies cloisonnées, transparentes, éparses sur les filamens.

Doit-on dans ce genre et dans le suivant regarder les extrémités cloisonnées et caduques des filamens comme de vrais rameaux renfermant les sporules et se séparant de la tige à la maturité, de même que dans la section suivante les tiges tout entières se divisent en articles qui forment les sporules? Ou doit-on les regarder comme des capsules ou sporidies cloisonnées, éparses à la surface des filamens? Ces questions nous paroissent difficiles à résoudre; cependant la première nous paroît la plus probable, les sporidies des mucédinées étant, en général, non cloisonnées et monosporées.

Les espèces connues du genre *Helmisporium* croissent sur le bois mort ou sur les tiges sèches, sur lesquels elles forment des taches noires ou olivâtres.

48. SPONDYLOCLADIUM, Martius.

Filamens droits, roides, simples ou peu rameux, opaques, presque moniliformes; rameaux verticillés; sporidies nulles, à moins qu'elles ne soient formées par les articulations des rameaux.

Ce genre, décrit par M. Martius dans sa Flore d'Erlang, a pour type le *Dematium verticillatum* d'Hoffmann : il croit sur les bois pourris.

La forme de ses filamens paroît indiquer que les articles qui les composent se séparent à la maturité.

§. 2. *Moniliées*. Filamens ou rameaux moniliformes, articles se séparant et se disséminant sous forme de sporidies.

49. ? CLISOSPORIUM, Fries.

Filamens moniliformes, composés d'articles globuleux, entremêlés de vésicules sessiles, éparses, sphériques, s'ouvrant au sommet et se retournant en forme de cloche.

Le type de ce genre est le *Conferva mucoroides* d'Agardh, parfaitement décrit et figuré par cet auteur dans les Actes de l'Académie de Stockholm pour 1814. Cette plante, qui, par sa structure et sa manière de croître sur les bois humides, paroît mieux placée parmi les mucédinées, a été établie comme genre distinct par Fries dans ses *Novitiæ floræ Suecicæ*, V, p. 80. Il réunit la structure des filamens des *Torula* à une vésicule assez semblable à celle du genre *Ascophora*.

50. CLADOSPORIUM, Link; *Dematii spec.*, Pers.

Filamens droits, simples ou peu rameux, légèrement transparens, rapprochés; rameaux terminaux moniliformes, se séparant par articles.

Ce genre conserve le port des vraies Byssinées avec le caractère des Monilies dans le mode de dissémination de ses sporules, caractère qui nous l'a fait placer en tête de cette section.

51. TORULA, Link.

Filamens décumbens, simples, opaques, composés d'articles globuleux qui se séparent facilement.

52. MONILIA, Link; *Monilia* et *Hormiscium*, Kunze.

Filamens droits, simples, opaques, persistans; articles ovales ou globuleux, se séparant difficilement.

Les articles sont ovales dans les vrais *Monilia* et globuleux dans le genre *Hormiscium* de Kunze. Ce caractère ne nous paroît que spécifique et non susceptible de former un genre particulier.

53. ALTERNARIA, Nées.

Filamens droits, épars, opaques, simples, formés d'articles ovales, éloignés les uns des autres et séparés par des espaces filiformes.

§. 3. *Byssinées.* Filamens continus ou cloisonnés, généralement décumbens et entre-croisés, dépourvus de sporidies extérieures, et ne se divisant pas par articles.

54. ? HÉLICOMYCES, Link.

Filamens simples, transparens, contournés en spirale, cloisonnés, surtout vers leur extrémité.

La seule espèce connue croît sur le bois mort, qu'elle couvre d'un léger duvet rose.

55. ? Herpotrichum, Fries.

Filamens simples, rampans, cloisonnés ; articles pliés en zigzag.

Ce genre, formé par Fries et qui a pour type le *Conferva pteridis* d'Agardh, est encore à peine connu, et ce n'est qu'avec doute que nous le rapportons ici. La seule espèce qui le compose jusqu'à présent, croît sur le bas des tiges du *Pteris aquilina*, sur lequel elle forme une sorte de duvet roussâtre.

56. Byssus, Link ; *Hypha*, Pers. ; *Hyphasma*, Rebentisch.

Filamens rameux, décumbens, entre-croisés, non cloisonnés, demi-transparens, très-fugaces.

Presque toutes les espèces de ce genre croissent dans les mines et les souterrains. Elles ont été très-bien décrites par Hoffmann et par M. de Humboldt dans son *Specimen floræ fribergensis*. Le genre *Hypha* de Persoon appartient, sans aucun doute, à celui-ci.

57. Himantia, Pers.

Filamens rampans et adhérens aux corps sousjacens, rameux, peu entre-croisés, se divisant en rayonnant, non cloisonnés, opaques, persistans.

Plusieurs des plantes placées dans ce genre ne sont peut-être que d'autres champignons plus parfaits, encore incomplétement développés. Ainsi plusieurs Bolets, quelques Hydnes et un grand nombre de Théléphores commencent par se présenter sous une forme byssoide, très-analogue à celle des Himantia. Le genre *Athelia* de Persoon forme un passage tellement insensible entre ce genre et les Théléphores, qu'on ne sait auprès duquel le placer. Sa position la plus naturelle nous paroît auprès des mucédinées agrégées, telles que les *Isaria*.

58. Dematium, Link, non Pers.

Filamens rameux, décumbens, entre-croisés, non cloisonnés, opaques, persistans.

Ce genre diffère des vrais byssus par la persistance de ses filamens. Il a pour type le *Racodium rupestre* de Persoon. Le genre auquel ce dernier auteur avoit donné le nom de *Dematium*, diffère beaucoup de celui-ci et correspond aux genres *Cladosporium*, *Chloridium*, *Helmisporium* de Link.

59. Racodium, Link ; *Racodii spec.*, Pers.

Filamens rameux, décumbens, entre-croisés, non cloisonnés, persistans, couverts de granulations formées par de petits filamens moniliformes.

Link regarde le *Racodium cellare* de Persoon comme le type de ce genre. Il est probable que les filamens moniliformes qu'on observe sur les filamens principaux sont des séries de sporidies, à moins que ce ne soit une autre cryptogame parasite, analogue aux *Torula* ou aux *Monilia*; et, dans ce cas, ce genre ne différeroit pas sensiblement des *Dematium*.

60. Amphitrichum, Fréd. Nées.

Filamens rameux, décumbens et entre-croisés à leur base, simples et redressés à leurs extrémités, non cloisonnés.

Ce genre, encore peu connu, a été décrit par M. Fréd. Nées dans les Actes de l'Académie Cés. Léop. des curieux de la nature pour 1818.

61. ? Gliotrichum, Eschweiler.

Filamens simples, continus, mucilagineux, presque opaques, rampans, se réunissant ensuite par faisceaux redressés ; sporules éparses ?

M. Eschweiler n'a décrit qu'une espèce de ce genre, qui croît sur les feuilles du *Casselia brasiliensis*. Cette plante, extrêmement petite, a le port de quelques espèces du genre *Scytonema* d'Agardh. Quant aux sporidies que M. Eschweiler a vues éparses à leur surface, elles sont en si petite quantité qu'elles nous paroissent devoir être étrangères à ce byssus.

Une seconde espèce de ce genre croît sur l'écorce du bouleau, suivant le même auteur.

62. ? Haplotrichum, Eschweiler.

Filamens très-simples, continus, presque opaques, décumbens, entre-croisés ; sporules globuleuses, éparses.

Ce genre, qui se rapproche du précédent par ses filamens simples et continus, présente, suivant M. Eschweiler, des sporidies ou plutôt des sporules qui paroissent sortir de l'intérieur des filamens.

Il croît sur la même plante que le précédent. Ne seroit-ce pas une autre époque de développement de la même plante ?

63. Ozonium, Link.

Filamens rameux, décumbens, entre-croisés ; les principaux épais, non cloisonnés ; les secondaires plus minces et cloisonnés.

Ce genre, qui a le port des *Dematium*, a ses filamens principaux presque semblables à ceux des *Rhizomorpha*, tandis que ceux des extrémités diffèrent à peine de ceux des *Byssus*.

64. Acrotamnium, Nées.

Filamens décumbens, rameux, continus et opaques dans leurs parties inférieures, peu entre-croisés ; rameaux terminaux, plus minces, cloisonnés, redressés.

Ce genre ne diffère du précédent que par ses filamens lâches et à peine entre-croisés, tandis que dans les *Ozonium* ils sont serrés et forment une sorte de membrane ou de feutre par leur réunion.

65. Sarcopodium, Ehrenberg.

Filamens simples, alongés, cylindriques, cloisonnés, droits, mous, insérés sur une base celluleuse, molle, adhérente aux corps sousjacens.

La position de ce genre est assez embarrassante. Ces filamens ont assez l'aspect de ceux du genre *Helicomyces* et d'autres Byssinées ; mais ils ne sont pas aussi roides, et la base molle sur laquelle ils s'insèrent, les rapproche des Isariées. M. Ehrenberg n'en a décrit qu'une espèce, qui forme sur les bois pourris de petites taches d'une couleur jaune rosée ; ses filamens sont rapprochés, dressés et courbés au sommet.

5.ᵉ **Tribu. Isariées.** *Filamens réunis et soudés entre eux d'une manière régulière et constante ; sporules éparses à leur surface.*

66. Athelia, Pers.

Filamens entre-croisés, rayonnans, soudés vers le centre en une membrane mince, adhérente aux corps sousjacens, couverte de petites fibrilles entremêlées de sporules ; filamens libres à la circonférence.

Ces plantes, qui ont tout-à-fait l'aspect des Théléphores adhérentes, en diffèrent par leur structure plus fibreuse,

filamenteuse vers la circonférence, et surtout par l'absence
de ces thèques qui forment la membrane fructifère des vrais
Champignons.

67. Epichysium, Tode.

Filamens entre-croisés et réunis en une membrane cyathiforme et formant à son intérieur des veines rameuses; sporules éparses aux extrémités des filamens.

Ce genre et le précédent forment le passage des Mucédi-
dinées aux vrais Champignons. En effet, les genres de Champignons voisins des Tremelles et dépourvus de véritables
thèques, tels que les Auriculaires, diffèrent à peine de ces
genres.

68. Dacryomyces, Nées.

Filamens dressés, rapprochés et presque soudés, formant
une masse arrondie, gélatineuse, sessile, entremêlée de
sporules.

On ne connoît encore qu'une espèce de ce genre : elle a été
décrite par M. Nées sous le nom de *Dacryomices stillatus.*
Elle croit sur l'écorce des chênes morts, sur laquelle elle
forme des tubercules orangés, sessiles, arrondis, presque
gélatineux.

69. Ceratium, Alb. et Schweinitz.

Filamens réunis sous forme d'une membrane rameuse,
plissée, couverte de filamens simples et courts qui portent
les sporules.

Ce genre, très-voisin du suivant, en diffère seulement
par son tissu plus membraneux, moins charnu, et par ses
sporules beaucoup moins nombreuses; ce qui lui ôte cet
aspect pulvérulent qu'ont les *Isaria.* Il a pour type l'*Isaria
mucida* de Persoon, ou *Ceratium hydnoides* d'Albertini et
Schweinitz, qui croit sur les bois morts.

70. Isaria, Pers.

Filamens formant par leur réunion un corps alongé, simple
ou rameux, renflé vers ses extrémités, fibreux ou charnu,
recouvert de fibrilles simples ou rameuses, entremêlées de
sporules très-abondantes.

La plupart des espèces de ce genre naissent sur les in-
sectes morts; quelques autres viennent sur les bois morts :
elles sont en général blanches et assez fugaces.

71. Coremium, Link.

Filamens entre-croisés, formant un capitule pédicellé, couvert de toutes parts de petits filamens fasciculés et entre-mêlés de sporules.

Ce genre nous paroit à peine distinct des *Isaria*. Link en a décrit une espèce sous le nom de *Coremium glaucum*, qui croit sur les fruits cuits et gâtés. Il présume que le *Monilia penicillus* de Persoon appartient à ce genre.

72. Periconia, Tode.

Filamens intimement soudés en un pédicelle sec et roide, terminé par une tête arrondie, couverte de sporules.

Le *Periconia lichenoides* de Persoon est le type de ce genre, qui diffère à peine des *Cephalotrichum*, si ce n'est par ses filamens plus soudés et son capitule arrondi.

73. Cephalotrichum, Link.

Filamens formant par leur réunion un pédicelle cylindrique ou conique, simple, roide, terminé par un capitule ovale ou cylindrique, composé de fibres entre-croisées et mêlées de sporules globuleuses.

Ces plantes, qui croissent sur les bois morts, ont déjà beaucoup de l'aspect des cryptogames de la famille suivante, et surtout des *Trichia*, *Stemonitis*, etc.

Le *Periconia stemonitis* et probablement plusieurs espèces du même genre appartiennent aux *Cephalotrichum* de Link.

74. ? Stilbum, Pers.

Filamens complétement soudés en un pédicelle charnu, terminé par un capitule arrondi, mou, nu, composé de sporules très-petites, réunies en une masse gélatineuse.

La position de ce genre nous paroit très-douteuse ; cependant son port et sa manière de croître indiquent sa place auprès des genres précédens. Du reste, nous manquons encore d'observations bien exactes à son égard.

75. ? Tubercularia, Pers., Link.

Filamens réunis en une masse compacte, charnue, formant souvent un col plus étroit, couverte de sporules globuleuses très-petites et très-nombreuses.

La position de ce genre et des deux suivans nous paroit encore très-douteuse ; ils ont été successivement placés par les divers auteurs qui se sont occupés de cette famille, à

la fin des Urédinées , auprès des Tremelles et parmi les Lycoperdacées.

76. ATRACTIUM , Link.

Filamens réunis en une masse globuleuse , stipitée, d'une
structure fibreuse; sporules fusiformes, éparses sur la base.

Les deux espèces connues de ce genre croissent sur le bois
mort. Link dit que l'une d'elles a les sporules cloisonnées ;
ce qui prouveroit que ce sont de vraies sporidies, et non
pas des sporules nues.

77. CALICIUM , Pers.

Filamens réunis en une masse stipitée, en forme de tête ou
de cupule, d'une structure fibreuse, supportant des sporidies globuleuses.

La croûte qui environne la base de ces cryptogames et
qui les a fait placer par plusieurs auteurs parmi les Lichens,
paroît souvent leur être étrangère ; et, d'ailleurs, une croûte
mince et pour ainsi dire membraneuse s'observe dans plusieurs plantes de la famille des Lycoperdacées, dont cette
plante est très-voisine.

LYCOPERDACÉES.

Sporules ou sporidies renfermées dans l'intérieur d'un péridium ou conceptacle fibreux, formé par des filamens entre-
croisés.

OBS. Ces cryptogames commencent presque toujours par être
fluides intérieurement ; et il n'y a presque aucun doute qu'à
cette époque les sporules sont renfermées, soit dans l'intérieur des filamens qui remplissent le péridium, soit dans des
vésicules qui en naissent. Mais on n'a pas encore pu bien
l'observer; et plus tard, lorsque ces plantes ont atteint leur
développement complet, on ne voit, en général, que des
sporules libres ou agglomérées entre elles, qui paroissent dépourvues de toute espèce d'enveloppe. Dans les genres de
la section des Tubérées, les sporules , outre le péridium
général, sont contenues dans des vésicules arrondies qui paroîtroient formées d'une membrane simple, comme les vésicules des Mucors.

Cette famille est tellement naturelle, qu'à l'exception des
Sclérotiées, les tribus que nous avons admises sont fondées

sur des caractères très-légers, quoiqu'elles forment des groupes assez naturels par leur aspect et leur manière de croître.

1.re *Tribu*. Fuliginées. *Péridium sessile, irrégulier, finissant par se détruire ou tomber entièrement en poussière; ne renfermant que peu ou point de fila- mens mêlés aux sporules, et commençant par être complétement fluide intérieurement.*

1. Trichoderma, Link; *Trichodermatis spec.*, Pers.

Péridium de forme irrégulière, simple, formé de filamens lâches et distincts, finissant par se détruire vers le centre; sporules très-petites, globuleuses, toujours pulvérulentes.

Le type de ce genre est le *Trichoderma viride* de Persoon, espèce très-commune sur les écorces humides et en partie détruites.

2. Myrothecium, Tode, Link.

Péridium de forme irrégulière, simple, composé de fila- mens lâchement entre-croisés, se détruisant vers le centre; sporules très-petites, globuleuses, d'abord à l'état fluide, devenant ensuite solides et pulvérulentes.

Le *Myrothecium inundatum* de Tode doit être regardé comme le type de ce genre; les autres espèces rapportées par le même auteur à ce genre paroissent assez différentes.

3. ? Dichosporium, Nées.

Péridium déprimé, arrondi, membraneux, couvert d'une couche de petits grains globuleux, renfermant des sporules arrondies, agglomérées.

Ce genre ne nous paroît connu que très-imparfaitement. En effet, doit-on regarder comme des sporules les grains qui couvrent en grand nombre la surface de cette plante, et dans ce cas sont-ce des sporules sorties de son intérieur ou se sont-elles développées dans cette place. Dans la seule es- pèce connue, que M. Nées a décrite sous le nom de *D. aggre- gatum*, les grains extérieurs sont blancs et brillans; les grains intérieurs, auxquels il donne le nom de sporules, mais qui sont peut-être des sporidies, sont noirs et plus gros que les premiers. Ceux-ci ne seroient-ils pas sortis des grains inté- rieurs pour se répandre à la surface extérieure de la plante?

4. Amphisporium , Link.

Péridium sessile, mince, renfermant des sporules de deux formes : les unes globuleuses, presque opaques, placées vers le centre ; les autres fusiformes et transparentes, placées vers la circonférence.

La seule espèce décrite par Link vient sur les oignons des Liliacées croissant dans l'eau pendant l'hiver ; elle forme à leur surface de petits tubercules d'une demi-ligne environ de diamètre, d'abord blancs, ensuite jaunes et qui finissent par devenir gris.

L'*Ægerita punctiformis* de M. De Candolle, qui se développe également sur les racines des oignons de hyacinthes, paroîtroit être la même plante.

5. Strongilium , Dittmar, Link.

Péridium de forme irrégulière, simple. membraneux, s'ouvrant vers son sommet, rempli de filamens rameux, droits, naissans de la base ; sporules agglomérées ?

Link décrit dans ce genre et dans le suivant les sporules comme réunis en masses cylindriques; mais il paroît, d'après l'observation curieuse de M. Ehrenberg, que ces cylindres sont formés par les excrémens d'un insecte qui se nourrit de ces champignons, le *Lathridium rugosum*. Il s'est assuré de ce fait pour le *Licea effusa*; et il est très-probable que c'est également le cas de ce genre et du *Dermodium*, et que naturellement les sporules sont libres ou irrégulièrement agglomérées.

Le *Trichoderma fuligineides* de Persoon est le type de ce genre. C'est cette même plante que Bulliard a figurée sous le nom de *Reticularia Lycoperdon*.

6. Dermodium, Link.

Péridium irrégulier, simple, membraneux, mince et fugace ; filamens nuls ; sporules agglomérées ?

Ce genre diffère si peu du *Lycogala*, qu'il nous paroîtroit plus convenable de réunir ces deux genres. La plus grande persistance du péridium dans les *Lycogala* est le seul caractère qui, joint à un aspect assez différent, puisse servir à les distinguer.

7. Diphterium , Ehrenberg.

Péridium presque globuleux ou hémisphérique , membra-

neux, épais et solide, adhérent à une base semblable : filamens intérieurs dressés , naissant des parois du péridium,
rameux, inégaux, flexueux, épais et renflés à leurs extrémités ; sporules réunies par groupes à leur surface.

La seule espèce décrite de ce genre croit sur le bois
mort. Elle est d'abord blanche et ensuite d'un brun jaune.
Sa forme est globuleuse, souvent un peu irrégulière : elle
atteint environ un pouce.

8. Spumaria, Pers.

Péridium irrégulier, simple, membraneux, celluleux,
très-délicat et finissant par se détruire entièrement ; sporules
réunies par groupes dans les plis que présente le péridium
à l'intérieur.

Ce genre diffère principalement du précédent par son péridium non filamenteux, et par les plis qu'il présente dans
son intérieur, lesquels forment des sortes de saillies persistantes, auxquelles adhèrent les sporules.

9. Fuligo, Pers. ; Æthalium, Link.

Péridium de forme irrégulière, double ; l'externe fibreux,
se détruisant promptement ; l'interne membraneux et celluleux, finissant par tomber en poussière ; sporules agglomérées.

10. Pittocarpium, Link.

Péridium arrondi, plissé, simple, d'abord mou, ensuite
friable, épais, celluleux à l'intérieur.

Ce genre diffère surtout du *Fuligo* par l'absence du péridium externe, et par l'épaisseur plus considérable de son
péridium. Du reste il se développe de la même manière
sur les herbes qui se pourrissent, et sur lesquelles il se présente sous forme de tubercules bruns extérieurement, jaunes
à l'intérieur, remplis de sporules globuleuses également
jaunes.

11. Lycogala, Pers.

Péridium globuleux ou irrégulier, simple, membraneux,
se divisant au sommet et ne renfermant que quelques filamens très-peu nombreux ; sporules agglomérées.

Ce genre diffère principalement du *Licea* par le mode de
déhiscence de son péridium, qui est d'abord très-fluide ; caractère qu'on retrouve dans la plupart des genres de cette
division et même dans le plus grand nombre des Lycoperdacées.

12. LIGNIDIUM, Link.

Péridium globuleux, simple, membraneux, porté sur une base membraneuse, se rompant irrégulièrement au sommet ; sporules agglomérées et fixées à des filamens qui remplissent l'intérieur du péridium.

La seule espèce connue de ce genre est remarquable par ses filamens dichotomes, dont les bifurcations sont très-dilatées et presque membraneuses, et qui remplissent son péridium. Elle croît sur les plantes à moitié pourries.

13. LICEA, Link : *Liceæ spec.* et *Tubulina*, Pers.

Péridium de forme globuleuse, simple, membraneux, très-mince, s'ouvrant par une fente transversale comme un opercule, ne renfermant point ou peu de filamens ; sporules agglomérées ?

D'après les observations que nous avons déjà citées de M. Ehrenberg, les sporules seroient libres dans ce genre et peut-être dans plusieurs autres où on les a indiquées comme agglomérées.

Link, qui avoit d'abord distingué ce genre d'après l'absence des filamens, pense, et avec raison, que son mode de déhiscence en boîte à savonnette fournit un meilleur caractère pour le séparer des *Lycogala*. D'après cela, les *Licea strobilina* et *circumscissa* peuvent être regardées comme types de ce genre. Mais doit-on rapporter le *Licea tubulina* au genre *Lycogala*, ou sa forme cylindrique ne devroit-elle pas déterminer à rétablir le genre Tubuline ?

2.ᵉ TRIBU. LYCOPERDACÉES VRAIES. *Péridium ordinairement pédicellé et d'une forme déterminée, s'ouvrant régulièrement, renfermant des filamens nombreux mêlés aux sporules.*

§. 1.ᵉʳ *Trichiacées.* Péridium très-mince, se rompant souvent irrégulièrement ou se détruisant même entièrement, naissant sur d'autres substances organisées, commençant par être entièrement fluide intérieurement.

14. ONYGENA, Persoon.

Péridium globuleux, simple, d'une texture fibreuse et celluleuse, se rompant à son sommet ; sporules agglomérées.

Presque toutes les espéces de ce genre sont remarquables en ce qu'elles croissent, comme les *Isaria* et les *Stilbum*, sur les débris d'animaux morts, et particuliérement sur la corne et les os.

15. Physarum, Pers., Link.

Péridium globuleux ou irrégulier, simple, membraneux, se rompant au sommet et finissant par se détruire et tomber sous forme d'écailles; filamens attachés à son intérieur et vers sa base; columelle nulle; sporules agglomérées.

Ce genre est l'un des plus nombreux en espéces de ce groupe. Persoon en a décrit un grand nombre, et Link en a ajouté beaucoup de nouvelles dans la Dissertation que nous avons eu occasion de citer si souvent.

16. Cionium, Link.

Péridium globuleux ou irrégulier, simple, membraneux, se divisant vers son sommet et se détachant par écailles; filamens naissant du fond du péridium et d'une columelle peu saillante; sporules agglomérées.

La présence de la columelle est le seul caractère qui distingue ce genre des *Physarum*, avec lesquels on devròit probablement le réunir. Les *Didymium complanatum* et *farinaceum* de Schrader appartiennent à ce genre.

17. Diderma, Persoon.

Péridium globuleux ou irrégulier, double, composé de deux membranes minces, dont l'extérieure se détache souvent promptement par écailles; filamens insérés au fond du péridium; columelle nulle; sporules agglomérées.

18. Didymium, Schrader.

Péridium presque globuleux, double, tous les deux minces et fragiles, se rompant au sommet; filamens naissant du fond du péridium; columelle renfermée dàns son intérieur; sporules agglomérées.

Ce genre ne diffère des *Diderma* que par la présence de la columelle. Ce caractère le rapproche des *Leangium*, dont il se distingue par son péridium double. Schrader a décrit et très-bien figuré plusieurs espéces de ce genre. Elles croissent, comme presque toutes celles des genres voisins, sur les bois morts et pourris.

19. Trichia, Persoon.

Péridium globuleux ou irrégulier, simple, membraneux, se rompant vers son sommet; filamens insérés vers le fond du péridium, repliés et s'étendant au dehors avec élasticité après sa rupture; sporules éparses à leur surface.

Ce genre, réduit maintenant à un petit nombre d'espèces par le grand nombre de genres qu'on en a séparés, se rapproche surtout des genres *Physarum* et *Cionium*, dont il diffère surtout par son péridium, qui ne devient pas pulvérulent et écailleux, et du genre *Leocarpus*, dont il n'a pas le péridium épais, fragile et presque crustacé. Enfin, ses sporules non agglomérées et ses filamens plus développés le distinguent de tous ces genres.

20. Leocarpus, Link.

Péridium globuleux ou irrégulier, simple, membraneux, fragile, se rompant irrégulièrement vers le sommet; filamens assez nombreux, naissant du fond du péridium et de ses parois; columelle nulle; sporules agglomérées.

Le *Diderma vermicosum* peut être regardé comme le type de ce genre, qui renferme des espèces en général stipitées, rarement sessiles, remarquables par l'aspect brillant de leur péridium, qui leur a fait donner le nom de *Leocarpus*.

21. Leangium, Link.

Péridium presque globuleux, simple, membraneux, sec et fragile, se rompant au sommet; filamens attachés dans son intérieur et vers sa base; columelle peu saillante, renfermée dans le péridium; sporules agglomérées.

Les *Diderma floriforme* et *stellare* de Persoon et quelques espèces nouvelles composent ce genre, qui ne diffère du précédent que par la présence de la columelle.

22. Craterium, Trentepohl.

Péridium elliptique, simple, fermé par un opercule, présentant intérieurement des membranes ou des filamens très-ténus, à la surface desquels les sporules sont éparses.

Ce genre, l'un des mieux caractérisés de ce groupe, ne renferme que quelques espèces extrêmement petites, qui croissent sur les feuilles mortes.

23. Cribraria, Schrader.

Péridium à peu près globuleux, simple, membraneux, se

détruisant dans sa moitié supérieure ; filamens naissant de la moitié inférieure et persistante du péridium, et formant supérieurement un réseau qui renferme des sporules agglomérées.

24. DICTYDIUM, Schrader.

Péridium globuleux, simple, membraneux, finissant par se détruire et se réduire à un simple réseau filamenteux ; sporules agglomérées.

Dans le genre *Arcyria*, le péridium tout entier se détruit et le réseau qui persiste est formé par les filamens qui remplissent son intérieur. Dans les *Dictydium*, au contraire, ce sont les filamens même du péridium qui en forment, pour ainsi dire, les nervures, qui persistent comme un grillage après la destruction du reste du tissu de ce péridium.

25. ARCYRIA, Persoon.

Péridium presque cylindrique, se détruisant dans sa partie supérieure, et formant une petite cupule, qui supporte un réseau filamenteux, dépourvu de columelle ; sporules éparses dans ce réseau.

Ce genre, qui a l'aspect des *Stemonitis*, en diffère essentiellement par l'absence de la columelle, qui devient importante dans ce genre par son grand développement.

26. STEMONITIS, Persoon.

Péridium globuleux ou alongé et presque cylindrique, simple, membraneux, très-fugace ; pédicelle se continuant en une columelle grêle qui traverse complétement ou en grande partie le péridium ; filamens naissant de cette columelle et formant un réseau régulier qui conserve la forme du péridium ; sporules éparses sur ce réseau.

27. CIRROLUS, Martius.

Péridium simple, globuleux, membraneux, se rompant irrégulièrement au sommet ; columelle contournée en spirale et se développant élastiquement après la rupture du péridium ; sporules très-petites, globuleuses.

Ce genre, découvert par Martius au Brésil, a été décrit et figuré par ce botaniste dans les *Nov. act. acad. nat. cur.*, t. X. La seule espèce connue croît sur les bois pourris. Ses péridium sont très-petits, sessiles, jaunâtres, et sa columelle est d'un rose foncé.

§. 2. *Lycoperdinées.* Péridium épais, souvent double, ayant presque toujours une déhiscence régulière, naissant ordinairement sur la terre; substance intérieure d'abord charnue et molle, mais moins fluide que dans les sections précédentes.

28. Asterophora, Dittmar ; *Mycoconium*, Desv.

Péridium simple, hémisphérique, stipité, lamelleux en dessous, se rompant irrégulièrement au sommet et donnant issue à des sporules anguleuses ou étoilées.

Ce genre, qui est fondé sur l'*Agaricus lycoperdoides*, Pers., est l'un des plus singuliers qu'on connoisse dans cette famille. Il joint aux caractéres extérieurs des agarics, des sporules renfermées à l'intérieur d'un chapeau très - convexe, qui forme le péridium. Les lames qui existent à sa surface inférieure, comme dans les agarics, n'ont jamais offert de sporules à leur surface.

29. Tulostoma, Persoon.

Péridium globuleux, stipité, simple, membraneux, s'ouvrant au sommet par un trou arrondi, à bords entiers; sporules agglomérées et éparses sur les filamens, qui remplissent l'intérieur du péridium.

30. Lycoperdon, Persoon ; *Lycoperdonis spec.*, Linn.

Péridium globuleux, porté sur un pédicule plus ou moins long, simple, membraneux, s'ouvrant irrégulièrement au sommet; sporules agglomérées et éparses sur les filamens, qui remplissent le péridium.

31. Podaxis, Desv. ; *Schweinitzia*, Greville.

Péridium simple, épais, stipité, traversé par un axe central faisant suite au pédicule, s'ouvrant vers sa base.

Ce genre paroît devoir renfermer le *Scleroderma pistillare* et *carcinomale* de Persoon, et les *Lycoperdon axatum* et *transversarium* de Bosc. M. Desvaux avoit établi ce genre dans le Journal de botanique, en lui donnant pour type les deux espèces de lycoperdons que nous venons de citer. M. Greville, qui a indiqué de nouveau ce genre sous le nom de *Schweinitzia*, et qui paroît ne pas connoître celui de M. Desvaux, y rapporte seulement les deux premières espèces; mais il est probable que ces quatre plantes ne doivent former qu'un seul genre, qui aura besoin d'être examiné de nouveau, les espèces qui s'y rapportent étant toutes exotiques.

32. Bovista, Persoon.

Péridium globuleux, souvent stipité, double ; l'externe, celluleux, se détruisant assez promptement ; l'interne, membraneux, s'ouvrant irrégulièrement au sommet ; sporules éparses sur les filamens.

33. Actigea, Rafinesque.

Péridium simple, sessile, s'ouvrant en plusieurs lobes étoilés à son sommet ; sporules réunies vers le centre et à la partie supérieure du péridium.

Si le caractère que M. Rafinesque donne de ce genre est bien exact, il diffère certainement des autres genres voisins des Lycoperdons ; mais sa description est si incomplète qu'on ne peut avoir qu'une idée bien imparfaite de ces plantes. Il en indique deux espèces, dont l'une habite les États-Unis et l'autre la Sicile.

34. Geastrum, Persoon ; *Geastrum* et *Plecostoma*, Desv.

Péridium globuleux, double ; l'externe se divisant profondément en plusieurs lanières rayonnantes et très-ouvertes ; l'interne s'ouvrant irrégulièrement au sommet ; sporules éparses sur les filamens.

Le genre *Plecostoma*, établi par M. Desvaux, ne nous paroît pas suffisamment distinct pour mériter d'être conservé. Suivant ce botaniste, il ne diffère des vrais *Geastrum* que par son péridium extérieur, qui forme deux membranes, l'externe coriace, l'interne mince, se séparant facilement et se divisant toutes deux en lobes étoilés ; mais ces deux membranes sont souvent soudées entre elles, et dans les vrais *Geastrum* on distingue quelquefois deux couches différentes dans ce péridium externe, ce qui ôte beaucoup d'importance à ce caractère.

35. Myriostoma, Desv.

Péridium globuleux, double : l'extérieur coriace, se divisant en plusieurs lobes inégaux ; l'interne porté sur plusieurs pédicules distincts, courts et rapprochés, minces, membraneux, s'ouvrant vers le sommet par plusieurs trous arrondis.

Ce genre, établi par M. Desvaux, dans sa Révision des espèces de *Geastrum*, est remarquable par son péridium interne, supporté par plusieurs pédicelles et s'ouvrant par plusieurs trous, et qui paroîtroit formé de plusieurs péridium greffés entre eux et renfermés dans un involucre commun, représenté par le péridium extérieur. La seule espèce connue de ce genre est le *Lycoperdon coliforme*, figuré par Dickson, Pl. crypt., tab. 3, fig. 4.

56. Steerebeckia, Link; *Actinodermium*, Nées.

Péridium globuleux, sessile, double : l'extérieur d'abord charnu, devenant ensuite dur et solide, se divisant en étoile ; l'interne roide et coriace, se divisant également en plusieurs lobes profonds : sporules éparses sur les filamens.

Ce genre, qui ressemble par ses caractères au *Geastrum*, en diffère par sa structure plus dure et par son péridium interne, également divisé en plusieurs lobes étoilés.

Nées avoit changé le nom de *Steerebeckia*, parce que Schreber avoit déjà donné ce nom à un genre de plantes phanérogames ; mais, le genre *Steerebeckia* de Schreber étant le même que le *Singana* d'Aublet, le nom de Link doit être conservé.

37. Mitremyces, Nées.

Péridium double : l'extérieur globuleux, ayant son orifice fermé par une sorte de coiffe écailleuse et laciniée sur ses bords ; l'interne arrondi, beaucoup plus petit, fixé supérieurement au pourtour de l'orifice du péridium externe : sporules dépourvues de filamens.

Le type de ce genre est le *Lycoperdon heterogeneum* de Bosc. M. de Schweinitz en a donné une excellente description et une figure très-détaillée dans son Histoire des champignons de la Caroline.

58. Calostoma, Desv.

Péridium stipité, double ; l'externe, coriace, s'ouvrant au sommet par un orifice régulièrement denté ; l'interne, mince, se déchirant irrégulièrement : sporules éparses sur les filamens.

M. Desvaux a séparé sous ce nom le *Scleroderma calostoma*, décrit par Persoon dans le Journal de botanique, vol. II, p. 5, tab. II, fig. 2, qui a le péridium coriace des *Scleroderma*, mais une déhiscence régulière, qui n'existe pas dans ces derniers et qui le rapproche des *Geastrum*, dont il se dis-

tingue par son péridium externe, beaucoup moins profondément divisé, et par la manière irrégulière dont s'ouvre le
péridium interne.

Le *calostoma cinnabarinum*, la seule espèce connue de ce
genre, croît sur la terre aux États-Unis : il est globuleux,
gros comme une noix, porté sur un pédicule cylindrique,
court et épais. Le péridium est d'un rouge foncé.

39. DIPLODERMA, Link.

Péridium globuleux, sans pédicule, double : l'externe dur,
ligneux, ne se divisant pas ; l'interne mince et membraneux :
sporules éparses sur les filamens, libres.

Link ne décrit qu'une espèce de ce genre, qui croît dans
les lieux sablonneux du Midi de l'Europe. Elle est arrondie,
grosse comme une noix, d'un brun jaune et ressemble
beaucoup par son aspect aux *Scleroderma*, dont elle diffère
par son péridium double et ses sporules libres.

40. SCLERODERMA, Persoon.

Péridium globuleux, sessile ou stipité, simple, dur et ver-
ruqueux, filamenteux intérieurement, se divisant irrégulièrement ; sporules réunies par petits amas épars à la surface des
filamens.

41. PISOCARPIUM, Link ; *Pisolithus*, Alb. et Schwein. ; *Polysaccum*, Dec., Fl. fr., Suppl.

Péridium épais, coriace, presque globuleux ou porté sur
un large pédicule, renfermant dans son intérieur des péridium plus petits, très-nombreux, filamenteux et remplis de
sporules agglomérées.

Ce genre, d'abord décrit sous le nom, déjà employé en
histoire naturelle, de *Pisolithus*, a été décrit de nouveau et
presque en même temps par M. De Candolle sous le nom de
Polysaccum et par M. Link sous celui de *Pisocarpium*. Ce dernier, ayant été publié dans un travail général sur les champignons, a été adopté par tous les cryptogamistes étrangers.
C'est ce qui nous engage à le préférer à celui de M. De
Candolle.

3.ᵉ *Tribu*. Angiogastres. *Péridium renfermant un ou plusieurs autres péridium secondaires (péridioles), remplis de sporules sans mélange de filamens.*

§. 1.ᵉʳ *Carpobolées*, Fries. Péridium externe, ne renfermant qu'un seul péridiole, qu'il projette au dehors.

42. Thelebolus, Tode.

Péridium double, l'externe sessile, arrondi, urcéolé, chassant au dehors le péridium interne, qui est globuleux et rempli de sporules mucilagineuses.

Ce genre diffère surtout du *Sphærobolus* par son péridium externe, dont l'orifice est entier et non divisé en lobes étoilés.

43. Sphærobolus, Tode; *Carpobolus*, Willd.

Péridium globuleux, double, sessile, l'externe plus épais, se divisant en étoile au sommet et lançant au dehors l'interne, qui est mince et qui se rompt irrégulièrement; sporules agglomérées dans le milieu du péridium interne.

Cette petite cryptogame n'a de commun avec le genre *Pilobolus*, auprès duquel plusieurs auteurs l'ont placée, que la projection au dehors du péridium tout entier; mais dans le *Pilobolus* ce péridium est une vésicule simple et très-mince, portée sur un filament également simple, tandis que dans le *Sphærobolus* le péridium interne et l'externe sont fibreux, comme dans les vraies Lycoperdacées.

44. Atractobolus, Tode.

Péridium double; l'externe sessile, arrondi, cupuliforme, fermé par un opercule rond, convexe, caduc; l'interne oblong ou fusiforme, plein de sporules, lancé hors du péridium externe après la chute de l'opercule.

Ce genre n'est encore connu que par la description et la figure que Tode en a données (*Fungi Meckl.*, 1, p. 45, fig. 9). Quoique personne ne l'ait observé avec soin depuis, il paroit cependant mériter d'être conservé; il diffère du genre *Sphærobolus*, comme les *Cyathus* diffèrent des *Nidularia*, par son péridium operculé. La seule espèce connue est extrêmement petite; elle croit sur les bois humides.

§. 2. *Nidulariées*, **Fries.** Péridium externe s'ouvrant régulièrement ou se détruisant promptement, renfermant plusieurs péridioles libres et distinctes.

45. Cyathus, Hall., Pers. (*Nidulariæ spec.*, Bull., Fries.)
Péridium coriace, filamenteux, cupuliforme, s'ouvrant par un opercule ou épiphragme arrondi ; renfermant des péridioles nombreux, arrondis, d'abord gélatineux et mous, devenant ensuite secs et fibreux, de forme lenticulaire, **et** portés sur un pédicelle central, remplis dans leur centre de sporules agglomérées.

Ce genre ne diffère essentiellement du suivant que par la déhiscence de son péridium externe : il nous paroît cependant mériter d'être distingué, si on adopte les autres genres voisins. Les espèces les plus connues qui restent dans le genre *Cyathus*, sont les *Cyathus striatus*, Pers. (*Nidularia striata*, Bull.); *C. olla*, Pers. (*Nid. vernicosa*, Bull.); *C. crucibulum*, Pers. (*Nid. lævis*, Bull.).

46. Nidularia, Fries, *Symb. gast.*
Péridium arrondi, coriace, membraneux, s'ouvrant irrégulièrement et sans opercule, renfermant des péridioles membraneux, sessiles et fixés par leur bord, remplis de sporules.

Les espèces de ce genre sont en général plus rares que celles du genre précédent : le *Cyathus farctus* de Persoon et le *Nidularia granulifera* d'Holmskiold sont les deux espèces les mieux connues. Cette dernière est très-remarquable par ses péridioles ovoïdes et d'un beau rouge.

47. Polyangium, Link.
Péridium arrondi, membraneux, mince, transparent, s'ouvant irrégulièrement, renfermant des péridioles peu nombreux, libres, sans mélange de filamens, remplis de sporules inégales, grumeleuses.

Ce genre, dont M. Dittmar a donné une excellente figure dans la Flore d'Allemagne de Sturm, ne renferme qu'une seule espèce, extrêmement petite. Elle croît sur les bois pourris : ses péridium ont à peine un demi-millimètre de diamètre; ils sont arrondis, déprimés, d'un jaune pâle, transparent, et laissent voir dans leur intérieur cinq à six péridioles ovoïdes d'un jaune orangé.

48. Myriococcum, Fries.

Péridium irrégulier, filamenteux et pulvérulent, se détruisant promptement, renfermant des péridioles nombreux,
mêlés aux filamens, globuleux, remplis de sporules agglomérées.

Ce genre, encore peu connu, a été observé en Suède par
M. Fries. La séule espèce connue croît sur les bois pourris,
sur les feuilles, etc.; elle naît par groupes arrondis, ses
péridium sont blancs, filamenteux et renferment des péridioles d'un brun rouge.

49. Arachnion, Schweinitz (*Acinophora*, Rafin.).

Péridium double : l'externe mince, se détruisant promptement; l'interne subéreux, se divisant irrégulièrement, rempli de petits péridium secondaires, globuleux, serrés les
uns contre les autres, mais libres, renfermant des sporules
très-fines.

Ce genre, décrit par M. de Schweinitz, dans son impor-
tant travail sur les champignons de la Caroline, paroît très-
voisin de celui que M. Rafinesque a observé dans la Pensyl-
vanie et a indiqué sous le nom d'*Acinophora*; mais la description de ce dernier est si incomplète, que nous ne pou-
vons avoir que des présomptions à cet égard. La seule espèce
décrite par M. de Schweinitz sous le nom d'*A. album* croît
sur la terre par groupes; elle est grosse comme une petite
noix, globuleuse, sessile : le péridium est glabre, soyeux,
d'une couleur fauve; il est rempli de globules très-petits,
à peine gros comme la tête d'une petite épingle, d'abord
blancs, ensuite cendrés, non entremêlés de filamens, et qui
renferment des sporules rousses très-fines et très-nombreuses.
Le péridium dans sa jeunesse ressemble aux sacs pleins d'œufs
des araignées, d'où M. de Schweinitz a tiré le nom qu'il
a imposé à ce genre.

§. 3. *Tubérées.* Péridium épais, ne s'ouvrant pas régulièrement, rempli d'une substance charnue, mêlé de péridioles
petits et peu distincts.

50. Endogone, Link.

Péridium globuleux, charnu, hérissé de filamens extérieurement, renfermant dans son intérieur une masse spongieuse

entre-mêlée de petits péridium secondaires, globuleux, membraneux, remplis de sporules.

Ce genre ne diffère des Truffes que par sa structure moins compacte et par l'absence de ces veines noirâtres qui parcourent l'intérieur des Truffes : on n'en connoît qu'une espèce, décrite par Link ; elle est grosse comme un pois et croît parmi les mousses dans les bois de sapins.

51. POLYGASTER, Fries.

Péridium arrondi, sessile, tuberculeux, se rompant irrégulièrement, charnu intérieurement, et formé par la réunion de péridioles assez gros, rapprochés, presque globuleux, renfermant des sporules agglomérées.

Ce genre, très-imparfaitement connu, ne renferme jusqu'à présent que le *Tuber sampadarium* de Rumph ; il croit dans l'Inde et à la Cochinchine, sur les racines des vieux arbres.

52. RHIZOPOGON, Fries.

Péridium sessile, arrondi ou difforme, se rompant irrégulièrement, charnu intérieurement et traversé par des veines anastomosées nombreuses ; péridium secondaires, membraneux, globuleux, épars sur les veines, visibles à l'œil nu, remplis de sporules.

Ce genre diffère des vraies truffes par ses péridioles plus gros, bien distincts, et par son péridium, qui se rompt à sa maturité. Il est très-voisin du genre *Endogone*, dont il se distingue par les veines qui parcourent l'intérieur du péridium ; il a pour type la truffe blanche. (*Tuber album*, Bull. Champ., t. 404.)

53. TUBER, Persoon.

Péridium épais, compacte, charnu, indéhiscent, envoyant des ramifications dans son intérieur et renfermant d'autres petits péridium globuleux, membraneux, pellucides, épars entre les veines qui parcourent l'intérieur du péridium général.

L'analogie de ce genre avec les précédens doit faire présumer que les péridium membraneux que Link y a observés, renferment des sporules comme dans ces genres, quoique personne ne les ait encore observées.

4.ᵉ **Tribu. Sclérotiées.** *Péridium indéhiscent rempli d'une substance compacte, celluleuse, entremêlée de sporules peu distinctes.*[1]

54. **Rhizoctonia**, Decand. (*Thanatophylum*, Nées).

Tubercules de forme variable, charnus ou cartilagineux, homogènes, recouverts par une écorce très-mince, adhérente et persistante, réunis les uns aux autres et fixés après les racines des végétaux vivans par des fibres radiciformes; fructification inconnue.

L'espèce la mieux observée de ce genre est celle connue sous le nom de mort-du-safran. Ce genre réunit les truffes aux *Sclerotium*.

55. **Pachyma**, Fries.

Péridium oblong ou arrondi, sans racine, épais, coriace, écailleux ou tuberculeux, renfermant une substance charnue ou subéreuse, sans sporules distinctes.

On ne connoît que deux espèces de ce genre, qui, par sa manière de croître sous terre, se rapproche des truffes et des *Rhizoctonia*, mais qui en diffère surtout par son écorce ou péridium distinct, très-épais et presque ligneux. L'une de ces espèces croît aux États-Unis, dans les bois de pins de la Caroline, surtout dans les lieux sablonneux : elle a la forme, la grosseur et l'aspect d'un Coco, et a été décrite par M. de Schweinitz sous le nom de *Sclerotium Cocos*. L'autre, le *P. tuber regium* de Fries, figuré sous ce dernier nom par Rumphius, croit dans les Moluques. Elle est un peu moins grosse que la précédente ; sa couleur extérieure est noirâtre ; sa substance interne est homogène, blanche et subéreuse.

Ces deux plantes paroissent jouir de propriétés analogues à celles de l'agaric de mélèze, et sont employées comme astringens contre les diarrhées.

---

1. La fructification des plantes de cette tribu est encore très-peu connue. Fries croit que les sporules sont répandues à la surface, et il place ces genres après les Tremelles, parmi les champignons dépourvus de thèques. Beaucoup d'auteurs pensent que les sporules sont mêlées dans la substance charnue qui compose l'intérieur de ces plantes : l'analogie que ces plantes ont par leur développement avec les Tubérées, et d'un autre côté avec certains genres d'Urédinées et d'Hypoxylons, nous paroît rendre cette opinion plus probable.

56. Sclérotium, Tode, Persoon, Fries.

Péridium arrondi ou irrégulier, cartilagineux, compacte, se distinguant à peine de la masse charnue et homogène qui remplit son intérieur, recouvert par un épiderme très-mince ; sporules sortant de son intérieur sous forme d'une poussière glauque qui couvre sa surface.

On n'a encore observé que très-imparfaitement la disposition des sporules dans ce genre et dans ceux qui en sont voisins : ainsi il est très-douteux si elles sont renfermées dans le parenchyme intérieur, dont elles ne sortiroient que par la destruction de la plante, ou si elles sont éparses à la surface, comme Fries le pense. Dans ce cas ces genres seroient mieux placés près des Tremelles, dont ils ne différeroient que par leur texture plus compacte.

Le genre *Coccopleum*, très-imparfaitement décrit par M. Ehrenberg, ne paroît différer des vrais *Sclerotium* que par ses sporules distinctes.

57. Spermoedia, Fries.

Substance charnue ou subéreuse, recouverte par une écorce adhérente, se développant dans les semences des végétaux.

Fries a établi ce genre pour le *Sclerotium clavus* de De Candolle, ou l'*Ergot.* des cultivateurs. Il ne nous paroit différer des *Sclerotium*, et surtout des *Xyloma*, que par le lieu où il se développe.

58. Xyloma, Decand.

Substance homogène, charnue ou subéreuse, compacte, se développant sous l'épiderme des plantes vivantes et toujours recouvertes par elle, dans laquelle on n'observe pas de sporules distinctes.

Ce genre, l'un des plus imparfaits du règne végétal, et qui n'est peut-être qu'une maladie du parenchyme des végétaux, paroit cependant avoir plus d'analogie avec les *Sclerotium* qu'avec toute autre division des cryptogames ; mais il ne faut admettre, parmi les espèces qui en font partie, que celles qui ne présentent à aucune époque des loges séminifères distinctes, ces dernières devant être placées parmi les Hypoxylées.

59. Periola, Fries.

Tubercules sans racines, de forme arrondie ou irrégulière, homogènes, charnus ou gélatineux à l'intérieur, recouverts d'une écorce mince, se changeant en une villosité persistante ; sporules éparses vers la surface.

Ce genre, de même que le suivant, seroit peut-être mieux placé auprès des Tremelles : il ne renferme que quelques espèces, rapportées jusqu'à présent au genre *Sclerotium*, tels que le *Sclerotium hirsutum*, figuré dans la *Flora Danica*, tab. 1320, le *Sclerotium tomentosum* de Fries, etc.

Ces plantes croissent sur les parties de végétaux qui commencent à se putréfier.

60. ACINULA, Fries.

Tubercules arrondis, sans racines, charnus, homogènes, couverts par une écorce mince, distincte et de couleur différente, se changeant en une matière gélatineuse.

La seule espèce connue a été observée sur des feuilles pourries ; la membrane est blanche et entoure un noyau charnu et brun, comme la pulpe d'une baie entoure les graines.

61. PYRENIUM, Tode, Fries.

Péridium? arrondi, sessile, sans racines, lisse, glabre et persistant, enveloppant une pulpe gélatineuse molle, qui se change en une sorte de noyau de consistance cireuse.

La disposition des sporules est très-douteuse dans ce genre : Tode et Persoon pensent qu'elles sont mêlées avec la pulpe intérieure ; Fries, au contraire, pense qu'elles forment une sorte de couche pulvérulente sur l'écorce extérieure, qu'il regarde alors comme une membrane fructifère. Dans ce cas ce genre seroit mieux placé dans la famille suivante, auprès des Tremelles.

CHAMPIGNONS.

Sporules couvrant une partie de la surface des champignons, rarement nues et éparses sur la membrane qui les recouvre ; ordinairement renfermées dans des thèques ou conceptacles membraneux, insérés à cette membrane.

OBS. La présence de ces conceptacles, d'une forme très-remarquable et propre à cette famille, est un caractère essentiel des vrais champignons : il manque cependant dans la première tribu, qui fait le passage des Lycoperdacées aux Champignons, dans les Tremellinées, qui présentent, comme les Lycoperdacées des sporules nues ou du moins dépourvues de thèques, et cependant réunies vers la surface, comme dans les vrais Champignons. Dans la dernière tribu, celle des Clathracées, ces conceptacles n'ont pas encore été bien observées, et paroissent offrir une structure assez différente de celles qu'ils ont dans les vrais Champignons.

Nous avons adopté presque entièrement, dans cette famille et dans celle des Hypoxylons, les coupes établies par Fries ; il nous eût été presque impossible de rien ajouter à un travail tout récent, et fait par un des botanistes qui a étudié cette famille avec le plus de profondeur et de philosophie.

1.ʳᵉ *Tribu.* **Tremellinées.** *Champignons mous, gélatineux, dépourvus de thèques, mais dont les sporules sont éparses à la surface de la membrane fructifère, ou sortent de dessous cette membrane.*

1. **Hymenella**, Fries.

Champignon sessile, adhérent, comprimé, lisse, très-mince, mou, gélatineux lorsqu'il est humide, coriace pendant la sécheresse ; sporules éparses sous la membrane qui les recouvre.

Ce genre, encore peu connu, est fondé sur les *Tremella linearis* et *elliptica* de Persoon (*Myc. eur.*, p. 109) : ces champignons croissent sur les tiges des plantes mortes.

2. **Dacrymyces**, Nées. (*Tremellæ spec.*, Pers.)

Champignon gélatineux, homogène, d'une texture filamenteuse, déliquescent ; sporules éparses vers la surface.

Les petits champignons qui composent ce genre, tels que les *Tremella deliquescens* de Bulliard (tab. 455, fig. 3), *fragiformis*, *violacea* et *urticæ* de Persoon, ont presque la texture filamenteuse des Mucédinées de la tribu des Isariées. mais ils forment une masse gélatineuse unie, entre les fibres de laquelle les sporules sont éparses. Nées, qui a créé ce genre et en a donné une très-bonne figure (*Syst.*, fig. 90), le place par cette raison parmi les Mucédinées. Nous avons cependant préféré suivre l'opinion de Fries, en le laissant auprès des Tremelles, dont il a tout-à-fait l'aspect.

3. ACYRIUM, Fries.

Champignon homogène, gélatineux, compacte, sessile, sphérique, lisse, sans papilles, couvert de sporules éparses.

Ce genre a beaucoup du port des Tuberculaires, qu'on devroit peut-être rapporter ici; la *Tremella stictis* de Persoon en est le type : les autres espèces décrites par Fries croissent également sur les bois morts, sur lesquels elles forment de petits tubercules arrondis, dont la couleur varie suivant les espèces.

4. ENCEPHALIUM, Link. (*Nœmatelia*, Fries.)

Champignon de forme variable et irrégulière, charnu et compacte vers son centre, et recouvert d'une couche gélatineuse qui renferme des sporules éparses.

Le type de ce genre est la *Tremella encephala* de Willdenow. Cette plante, qui a beaucoup de l'aspect des vraies Tremelles et surtout de la *Tremella mesenteriformis*, en diffère par sa masse centrale, solide et charnue.

5. ACROSPERMUM, Tode, Fries.

Champignon alongé, claviforme, souvent stipité, recouvert par une écorce membraneuse très-mince, homogène; charnu ou cartilagineux intérieurement; sporules éparses à la surface vers l'extrémité.

Ce genre, réuni aux Clavaires par Persoon, a été rétabli par Fries, et placé auprès des *Sclerotium* par cet auteur : sa substance charnue et la disposition de ses sporules nous paroît le rapprocher davantage des Tremelles.

6. TREMELLA, Fries. (*Tremellæ spec.*, Pers.)

Champignon gélatineux, homogène, de forme irrégulière; sporules éparses à la surface d'une membrane unie et sans papille.

Fries réunit à ce genre celui que Nées avoit établi sous le nom de *Coryne,* et qui ne paroît différer des vraies Tremelles que par sa forme en massue lobée, un peu analogue à une Clavaire.

Dans un autre sous-genre, sous le nom de *Phyllopta*, le même auteur a décrit quelques espèces dont les expansions plus solides sont presque foliacées.

Les Tremelles ont les plus grands rapports avec les Nostocs et autres genres voisins de la famille des Ulves et de celle des Chaodinées de M. Bory de Saint-Vincent.

7. EXIDIA, Fries.

Champignon mou, gélatineux, homogène, étendu horizontalement; surface inférieure velue, la supérieure couverte
d'une membrane hérissée de papilles, ondulée ; sporules sortant de tubes renfermés dans cette membrane.

Les espèces les plus connues, qui servent de type à ce
genre, sont la *Tremella auricula Judϙϙ*, Pers. (Bull., Champ.,
tab. 427, fig. 2), la *Peziza gelatinosa*, (Bull., tab. 460), et la
Tremella glandulosa (Bull., tab. 420, fig. 1). La première avoit
été rapportée par Link à son genre *Auricularia*; mais, suivant
Fries, le genre *Auricularia*, qui doit rester parmi les vrais
champignons auprès des Théléphores, est très-distinct de celui-ci, et a pour type l'*Auricularia mesenterica*, Link.

2.ᵉ *TRIBU*. CHAMPIGNONS PROPREMENT DITS. *Membrane
fructifère, limitée et bien distincte; sporules presque toujours renfermées dans des thèques.*

1.ʳᵉ *Section*. HELVELLACÉES , Fries.

Réceptacle en forme de cupule, ou d'ombrelle, ou de cloche ;
membrane fructifère couvrant sa surface supérieure, portant des thèques alongées, polysporées, ou quelquefois
des sporules nues et éparses.

§. 1.ᵉʳ *Pézizées*. Réceptacle cupuliforme, d'abord plus ou
moins fermé.

* *Membrane fructifère dépourvue de thèques ; sporules nues
et éparses.*

8. SOLENIA , Pers.

Réceptacle alongé, tubuleux, simple, membraneux, droit;
terminé par un disque cupuliforme très-petit, dont l'orifice
est rétréci et entier; point de membrane fructifère, distincte; sporules éparses, à peine visibles.

9. CYPHELLA , Fries.

Réceptacle presque membraneux, concave, oblique et in-
cliné, de sorte que la membrane fructifère se trouve quelquefois presque inférieure; point de thèques; sporules globuleuses, éparses sous forme de poussière.

Ces champignons, très-petits, croissent sur les bois morts et
sur les mousses; ils sont remarquables par leur cupule inclinée

et dirigée inférieurement : le type de ce genre est le *Peziza digitalis* d'Albertini et Schweinitz.

** *Membrane fructifère portant des thèques qui renferment les sporules.*

10. STICTIS, Pers.

Réceptacle nul ou réduit à une membrane fructifère lisse, arrondie ou ovale, enfoncée dans le corps qui la porte, et même en partie recouverte par lui; thèques minces, fixées à cette membrane.

Ces petits champignons ont la plus grande analogie avec les Hypoxylons, tels que les *Hysterium*, les *Phacidium*, etc.; mais le péridium qui les entoure leur est étranger, et appartient à la plante qui les nourrit, tandis que dans les hypoxylons il fait partie essentielle de la plante cryptogame. Fries a distingué dans ce genre, sous les noms de *Stictis*, *Xylographa* et *Propolis*, trois sous-genres qui, par la suite, pourront former autant de genres distincts.

11. CENANGIUM, Fries.

Réceptacle d'abord exactement fermé, ensuite plus ou moins ouvert, entouré par un rebord de couleur différente; membrane fructifère lisse, persistante; thèques fixées, entremêlées de paraphyses, et contenant les sporules, qui en sortent à la maturité.

La cupule de ces plantes est souvent stipitée, et sort de dessous l'épiderme : elle est formée de deux substances, l'extérieure coriace, l'interne spongieuse.

Ce genre a la plus grande analogie par sa forme avec quelques genres d'Hypoxylées de la tribu des Phacidiées; sa structure interne en diffère très-peu, et il prouve les rapports intimes qui unissent ces deux familles. Fries a distingué dans ce genre quatre sous-genres, qui nous paroissent différer autant entre eux que la plupart des genres d'Hypoxylons, et mériter d'être élevés au rang de genres :

1. *Sclerroderris.* Réceptacle stipité, en forme de sphérie, s'ouvrant par un orifice arrondi entier.

2. *Triblidium.* Réceptacle s'ouvrant par plusieurs fentes rayonnantes.

3. *Clithris.* Réceptacle alongé, s'ouvrant par une fente longitudinale.

4. *Excipula*. Réceptacle sessile, corné, s'ouvrant par un orifice arrondi; disque mou, presque déliquescent.

12. Tympanis, Tode, Fries.

Réceptacle cyathiforme, bordé, corné extérieurement, recouvert supérieurement par un tégument membraneux; membrane fructifère d'abord couverte par le tégument, se détachant ensuite par portions, ainsi que les thèques qu'elle supporte.

Ces petits champignons ont l'aspect des tuberculaires ou des sphéries; ils sortent de dessous l'épiderme des jeunes branches, et sont particulièrement caractérisés par le tégument qui recouvre d'abord la membrane fructifère.

Les *Peziza Pyri*, Pers.; *Peziza alnea*, Pers., etc., sont les espèces les plus connues de ce genre.

13. Ditiola, Fries.

Réceptacle orbiculaire, patelliforme, bordé, jamais fermé, mais recouvert par un tégument membraneux très-fugace; membrane fructifère d'abord lisse et recouverte par le tégument, ensuite nue, gonflée, gélatineuse, déliquescente; thèques très-ténues, fixées, déliquescentes.

Ce genre, qui ne renferme que quelques espèces d'abord rapportées au genre *Peziza* ou *Helotium*, a pour type le *Peziza turbo*, Pers., ou *Helotium radicatum*, Alb. et Schw.

14. Bulgaria, Fries. (*Burcardia Schmid.*)

Réceptacle orbiculaire, turbiné, renflé, entouré d'un rebord saillant, d'abord fermé, ensuite ouvert et aplati, de consistance gélatineuse, rugueux extérieurement; membrane fructifère lisse, glabre, nue, persistante; thèques grandes, d'abord plongées dans la membrane, en sortant ensuite élastiquement avec les sporules.

La *Peziza nigra* de Bulliard, ou *Peziza inquinans* de Persoon, espèce extrêmement commune sur les bois morts, est le type de ce genre, autour duquel viennent se grouper quelques autres espèces, remarquables par leur consistance gélatineuse.

15. Ascobolus, Pers.

Réceptacle orbiculaire, à disque patelliforme, entouré d'un léger rebord; membrane fructifère couvrant tout le disque, persistante; thèques grandes, claviformes, se détachant élastiquement de la membrane à la maturité.

Presque toutes les espèces de ce genre croissent sur le fu-
mier, et sur les excrémens de divers animaux ; la *Peziza
stercoraria* de Bulliard, ou *Ascobolus furfuraceus* de Persoon,
est l'espèce la plus anciennement rapportée à ce genre.

16. PATELLARIA, Fries (*non* De Candolle).

Réceptacle patelliforme, entouré d'un rebord saillant, toujours ouvert ; membrane fructifère lisse, persistante, devenant pulvérulente par la destruction des thèques, qui sont
unies entre elles et sans mélange de paraphyses.

Ce genre, très-voisin des vrais Pézizes, renferme un petit
nombre d'espèces, parmi lesquelles on remarque les *Peziza co-
riacea*, Bull., *Peziza patellaria*, Pers., etc.

17. PEZIZA, Dill., Fries. (*Pezizæ spec.*, Pers. et *auct.*)

Réceptacle cupuliforme, marginé, d'abord presque fermé,
ensuite ouvert ; membrane fructifère lisse, persistante, distincte ; thèques grandes, libres, fixées par leur base, entremêlées de paraphyses, et renfermant des sporules qui se répandent au dehors avec élasticité.

Fries a réuni au *Peziza* le genre *Helotium*, qui a cependant un port tellement différent que nous pensons qu'on
peut le conserver.

18. HELOTIUM, Pers.

Réceptacle stipité, d'abord ouvert et plat, bientôt réfléchi
en forme de cloche ; membrane fructifère, et thèques comme
dans les Pézizes.

19. RHIZINA, Fries.

Réceptacle mince, étendu, ondulé, concave en-dessous,
fixé par des fibrilles radicales, éparses ou marginales ; membrane fructifère couvrant toute la surface supérieure, lisse,
persistante ; thèques fixées, grandes.

Ce genre, qui a pour type l'*Helvella acaulis*, Pers., et la
Peziza rhizophora, Willd., réunit l'aspect des Théléphores aux
caractères des Helvelles et des Pézizes ; il croît sur la terre,
dans les lieux sablonneux.

§. 2. *Helvellées.* Réceptacle en forme de cloche ou d'ombrelle, plus ou moins réfléchi sur le pédicule.

20. VIBRISSEA, Fries.

Réceptacle en tête, fixé par son centre sur le pédicule, adhérent d'abord par tout son contour au pédicule, mais s'en détachant bientôt; membrane fructifère couvrant la face supérieure, lisse, nue, persistante, prenant ensuite un aspect velouté, produit par les thèques qui se détachent de la membrane.

Fries a établi ce genre sur le *Leotia truncorum*, Albert. et Schwein., auquel il réunit le *Leotia clavus*, Pers., *Myc. eur.*, tab. 11, fig. 9.

21. LEOTIA, Hill.

Réceptacle orbiculaire, fixé par son centre au sommet du pédicule, enroulé en-dessous sur son bord ; membrane fructifère lisse, ondulée, recouvrant la partie supérieure et le bord du chapeau, persistante; thèques fixées, cylindriques ou claviformes.

Fries a réuni à ce genre l'*Hygrometra* de Nées, que ce dernier avoit regardé comme un sous-genre des Tremelles, et qui avoit pour type le *Leotia lubrica*, Pers., une des espéces rapportées les premières à ce genre : le même auteur a séparé du genre *Leotia*, tel que Persoon l'avoit décrit dans sa Mycologie européenne, plusieurs espèces, qui forment les genres *Heyderia* et *Mitrula*.

22. VERPA, Swartz, Fries.

Réceptacle campanulé, charnu, attaché par le centre sur le pédicule; membrane fructifère couvrant toute la surface supérieure du chapeau, lisse ou légèrement ridée, persistante; thèques fixes.

Ce genre diffère des vraies Helvelles par la forme régulièrement campanulée de son chapeau : le *Leotia conica*, Pers., la *Morchella agaricoides*, Decand., et quelques espèces nouvelles, composent ce genre.

23. HELVELLA, Linn.

Réceptacle suborbiculaire, fixé par son centre sur le pédicule, ondulé, sinueux, couvert dans toute sa surface supérieure par la membrane fructifère, qui est lisse et persistante; thèques fixes.

Ce genre, comme Fries l'a indiqué, se divise en deux séries; les unes, qui ont pour type l'*Helvella mitra*, ont leur chapeau réfléchi, ondulé et sinueux, d'abord adhérent au pédicule; les autres, tels que l'*H. pezizoides*, l'*H. elastica*, etc.,

ressemblent presque à de grandes Pézizes, et ont leur chapeau étalé, toujours libre et à peine réfléchi.

24. Morchella, Dill. (Morille).

Réceptacle en forme de massue irrégulière, traversé par
le pédicule, auquel il adhère; couvert extérieurement de
veines plus ou moins saillantes, anastomosées ; produisant
à sa surface des cellules nombreuses et irrégulières ; membrane fructifère couvrant toute la surface externe du chapeau, plissée et persistante; thèques fixes.

2.ᵉ Section. Clavariées, Fries.

Réceptacle dressé, claviforme, simple ou rameux, membrane fructifère couvrant une grande partie du réceptacle.

25. Pistillaria, Fries.

Réceptacle cylindrique, sans pédicule distinct; membrane
fructifère, couvrant toute sa surface, mais ne portant de
sporules que vers le sommet; thèques nulles ou presque obli-
térées; sporules paroissant sortir de la membrane même.

Ce genre est fondé sur les *Clavaria micans*, Pers.; *ovata*,
Pers.; *sclerotioides*, Decand., etc. : toutes sont parasites sur
les tiges ou les feuilles de différentes plantes.

26. Phacorrhiza, Persoon.

Réceptacle en forme de massue, porté sur un pédicule
plus étroit, qui sort d'un tubercule charnu en forme de volva.

Ce genre, décrit pour la première fois par Persoon, dans
sa *Mycologia europæa*, paroit très-distinct de tous ceux du
même groupe, s'il n'y a pas d'erreur sur la structure du
tubercule d'où sort le pédicule, car un organe analogue
existe dans plusieurs espèces de *Typhula;* mais ce n'est qu'un
renflement, qui est continu au pédicule, bien loin de lui
servir d'enveloppe.

27. Typhula, Fries.

Réceptacle cylindrique, couvert de toutes parts par la
membrane fructifère, distinct du pédicule ; thèques à peine
visibles.

Ce genre est fondé sur le *Clavaria gyrans*, Pers., et sur
quelques autres espèces voisines. Son port est bien distinct
de celui des clavaires, mais les caractères qui les séparent
sont assez foibles.

28. Crinula, Fries.

Réceptacle droit, cylindrique, portant vers son extrémité une membrane fructifère, distincte, déliquescente.

Ce genre, décrit par Fries, n'a encore été observé qu'une seule fois par ce botaniste, qui l'a trouvé sur l'écorce morte du tilleul. La *Crinula* croît par groupes; elle est d'une consistance cornée, d'une couleur noirâtre; sa surface est lisse; elle atteint 3 à 5 lignes de longueur. Son pédicule est rond, rétréci vers le sommet, noir, creux et filamenteux intérieurement : la partie couverte par la membrane fructifère est petite, ovale, obtuse, et a, au plus, une ligne de long; elle est lisse, molle, olivâtre; dans les temps humides elle se ramollit, devient gélatineuse et déliquescente.

29. Mitrula, Fries.

Réceptacle ovoïde, lisse, adhérent de toutes parts au pédicule, mais en étant bien distinct, entièrement couvert par la membrane fructifère.

Ce genre, que Fries a séparé des *Leotia*, a plusieurs rapports avec elles, et forme le passage entre ces deux groupes; mais son réceptacle ne forme pas un chapeau indépendant du pédicule comme dans les Helvellées. Les *Leotia Ludwigii*, *Dicksonii*, *Bulliardi* et *Laricina* de Persoon, que Fries réunit en une seule espèce, forment le type de ce genre.

Dans ces plantes le pédicule et la massue qui le termine sont creux, tandis que dans le sous-genre *Heyderia* de Fries, qui renferme le *Leotia mitrula* de Persoon et le *Leotia pusilla* de Nées, l'un et l'autre sont pleins.

30. Spathularia, Pers.

Réceptacle dressé, comprimé, décurrent sur le pédicule, portant des thèques vers son sommet.

Ce genre, par sa forme comprimée, a plusieurs points de contact avec les Helvelles et autres genres de la tribu précédente.

31. Geoglossum, Pers.

Réceptacle droit, claviforme ou presque spatulé, porté sur un pédicule plus étroit; membrane fructifère couvrant la partie renflée du réceptacle, et ne se continuant pas sur le pédicule, portant des thèques alongées.

32. Clavaria, Pers.

Réceptacle droit, simple ou rameux, homogène et continu avec le pédicule; membrane fructifère lisse, couvrant toute sa surface, mais ne portant de thèques que vers les extrémités.

33. Sparassis, Fries.

Réceptacle charnu, très-rameux; rameaux dilatés, comprimés, lisses, formés de deux membranes appliquées les unes contre les autres, portant les thèques sur leurs deux faces.

Ce genre ne renferme jusqu'à présent qu'une seule espèce, décrite sous le nom de *Clavaria crispa*, par Wulfen, dans les *Miscellanea* de Jacquin, t. 14, fig. 1.

34. Merisma, Pers.

Réceptacle rameux, à rameaux comprimés, dilatés et filamenteux vers leurs extrémités; membrane fructifère étendue sur leurs deux faces, mais portant les thèques particulièrement sur l'inférieure.

Il est difficile qu'un genre fasse mieux le passage entre deux autres genres que celui-ci entre les *Clavaria* et les *Thelephora*; cependant sa membrane fructifère, qui couvre les deux faces, nous paroit le rapprocher surtout des *Clavaria*, quoique Fries n'en ait fait qu'une section des *Thelephora*.

3.ᵉ Section. Agaricées.

Réceptacle charnu ou subéreux, étendu horizontalement; membrane fructifère couvrant sa face inférieure.

35. Auricularia.

Chapeau recouvert inférieurement par une membrane fructifère lisse ou légèrement ridée, presque gélatineuse, sans thèques, portant des sporules nues et éparses.

Ce genre, limité à l'*Auricularia mesenteriformis* de Link, vient se ranger auprès des *Thelephora*, dont elle a tout le port, malgré l'absence des thèques, qui caractérisent cette famille. Fries en a séparé plusieurs autres espèces, qui forment le genre *Exidia* parmi les Tremellinées.

36. Thelephora, Pers.

Chapeau couvert inférieurement par une membrane fructifère lisse ou hérissée de petites papilles arrondies; thèques petites, presque plongées dans la membrane.

Fries a réuni à ce genre les *Merisma* de Persoon; mais la grande différence qui existe entre ces deux genres, nous paroît nécessiter leur distinction, et nous laisserons les *Me-risma*, comme Persoon l'a fait, auprès des *Clavaria*.

Le sous-genre *Lejostroma* de Fries devroit peut-être aussi être réuni aux *Auricularia*, dont il a le caractère principal, c'est-à-dire, l'absence de thèques.

37. PHLEBIA, Fries.

Chapeau présentant inférieurement des rides ou veines irrégulières, interrompues, droites ou flexueuses, recouvertes par la membrane fructifère, et continues à la substance même du chapeau.

Ce genre se rapproche surtout des *Merulius* et des *Thelephora*; il ne contient qu'un petit nombre d'espèces, la plupart nouvelles.

38. SISTOTREMA, Fries; *Sistotremæ spec.*, Pers.

Chapeau garni inférieurement de lamelles courtes, irrégulières, éparses, dentelées, en forme de crêtes, presque distinctes du reste du chapeau, couvertes par la membrane fructifère, et portant les thèques sur leurs deux faces.

Fries n'a laissé dans ce genre que le *Sistotrema confluens*, Pers.; il a rapporté les autres espèces au genre Hydne.

39. HYDNUM, Linn.

Chapeau hérissé inférieurement de pointes subulées, coniques, couvertes par la membrane fructifère, et portant les thèques vers leurs extrémités.

40. BOLETUS, Fries. (Bolet.)

Chapeau présentant inférieurement des tubes libres, indépendans les uns des autres, ou légèrement soudés entre eux, non continus à la substance du chapeau, et tapissés intérieurement par la membrane fructifère.

41. POLYPORUS, Michéli, Fries. (*Cladoporus*, Pers.)

Chapeau garni inférieurement de pores arrondis, réguliers, continus à la substance même du chapeau, et tapissés par la membrane fructifère.

42. DÆDALEA, Pers.

Chapeau subéreux, ordinairement sessile et unilatéral, présentant inférieurement des lames anastomosées, qui forment des cellules ou pores irréguliers d'une substance homogène à celle du chapeau, et recouvertes par la membrane fructifère.

43. Schizophyllum , Fries; *Scaphophorum* , Ehrenb.

Chapeau coriace, portant en-dessous des lamelles rayonnantes, dichotomes, non anastomosées, toutes partagées par
un profond sillon longitudinal, et repliées en dehors; thèques insérées seulement sur leur bord externe.

Ce genre ne renferme que l'*agaricus alneus*, Linn., espéce
extrêmement variable et qui se retrouve dans presque toutes
les régions du globe.

44. Merulius, Hall., Fries; *Xylophaga*, Link.

Chapeau irrégulier, étendu, sessile; membrane fructifère
garnie de plis ou de veines sinueuses, anastomosées, flexueuses, formant des cellules irrégulières et portant des thèques
éparses.

Nées et Fries ont limité le genre *Merulius* aux espéces qui
croissent sur les bois pourris, et dont la structure est très-
différente de celle des autres espéces de *Merulius* rangées
maintenant dans le genre *Cantharellus* : les *Merulius serpens*,
tremellosus , *vastator* , *lacrymans* , etc., peuvent être regardés
comme types de ce genre.

45. Cantharellus, Pers.

Chapeau garni inférieurement de plis rayonnans, presque
parallèles, rarement anastomosés, recouverts, ainsi que toute
la face inférieure du chapeau , par la membrane fructifère.

46. Agaricus, Pers.

Chapeau garni en-dessous de lamelles simples, rayonnantes;
point de volva à la base du pédicule; membrane fructifère
couvrant les lamelles.

Au milieu des nombreuses variations que présente ce
vaste genre, la section des *Coprinus* mériteroit peut-être,
par ses caractères en même temps microscopiques et extérieurs, de former un genre distinct. Ce sous-genre, presque
seul dans toute la famille des champignons, présente des thèques très-espacées, assez grandes, et renfermant quatre rangs
de sporules; si on joint à ce caractère de structure intime la
déliquescence des lamelles de ces champignons, leur aspect
et leur manière de croître, peut-être se décidera-t-on à les
séparer des autres agarics.

47. Amanita , Pers.

Chapeau garni inférieurement de lamelles simples, rayonnantes, supportant la membrane fructifère ; volva enveloppant complétement le champignon dans sa jeunesse.

Fries a réuni ce genre aux agarics; mais la présence de la volva paroît cependant fournir un caractère distinctif suffisant pour les séparer.

3.ᵉ *Tribu*. Clathracées. *Sporules mélées à une substance mucilagineuse, renfermées dans les cellules ou à la surface du champignon, qui est d'abord contenu dans une volva.*

§. 1.ᵉʳ *Phalloides.* Sporules contenues dans des cellules superficielles d'un chapeau pédiculé.

48. Hymenophallus. Nées. (*Dictyophora*, Desv.)

Volva arrondie; chapeau campanulé, libre inférieurement; pédicule percé au sommet et portant à sa partie supérieure une sorte de collerette pendante, plissée ou réticulée.

Le *Phallus indusiatus* de Ventenat, figuré dans l'atlas de ce Dictionnaire, et si remarquable par l'élégante collerette réticulée, qui tombe du haut de son pédicule jusque vers sa base, a servi de type à ce genre, ainsi que le *Phallus duplicatus* de Bosc, dans lequel cette collerette est entière et simplement plissée.

49. Phallus , Nées.

Volva arrondie , gélatineuse intérieurement ; réceptacle campanulé ou conique, porté sur un pédicule fistuleux, ordinairement ouvert au sommet, couvert extérieurement d'un mucus épais , mêlé de sporules souvent contenues dans les cellules que présente le chapeau.

Ce genre présente deux sections très-distinctes, dont on fera peut-être un jour deux genres séparés : 1.° les vrais *Phallus*, dont le chapeau est libre et détaché du pédicule, et dans lesquels ce dernier organe est perforé au sommet ; 2.° les *Cynophallus* de Fries, dont le chapeau est adhérent au pédicule, qui n'est pas perforé à son sommet : du reste, le mode de leur développement et leur port sont les mêmes.

50. Aseroe, Labillardière.

Volva gélatineuse, sillonnée; réceptacle stipité , divisé en plusieurs branches bifides. rayonnantes; pédicule creux et ouvert au sommet.

Ce genre , figuré par M. Labillardière dans son Voyage aux terres australes, croit à la Nouvelle-Hollande, à la terre de Van-Diémen ; il paroît avoir de grands rapports avec le *Lysurus*.

51. LYSURUS , Fries.

Volva sessile , arrondie ; réceptacle continu au pédicule et se divisant au sommet en plusieurs branches droites, égales, couvertes extérieurement d'un mucus mêlé de sporules, qui se dessèche et forme à leur surface une sorte de vernis.

Fries a formé ce genre aux dépens des Phallus, et y a placé le *Phallus mokusin* de Linné, champignon qui croît sur les racines des mûriers en Chine, où on lui attribue des propriétés médicales encore très-hypothétiques. (Voyez MOKUSIN.)

§. 2. *Clathroides.* Sporules contenues dans l'intérieur d'un réceptacle arrondi, percé de plusieurs ouvertures.

52. LATERNEA . Turpin.

Champignon formé de plusieurs branches simples, réunies vers leur sommet, sortant d'une volva simple, arrondie, portant au-dessous de leur point de réunion un réceptacle cupuliforme auquel sont attachées les sporules.

On ne connoît qu'une seule espèce de ce genre, décrite et figurée , pour la première fois, par M. Turpin, dans ce Dictionnaire (voyez LANTERNE), sous le nom de *Laternea triscapa*, et observée à Saint-Domingue par ce botaniste : elle diffère des vrais *Clathres* et du *Colonnaria* de Rafinesque, auprès duquel Fries l'a placée, par la position des sporules, seulement au-dessous du point de rencontre des trois branches du champignon.

53. CLATHRUS , Michéli.

Champignon sortant d'une volva simple ; réceptacle arrondi , formé de branches anastomosées, imitant un grillage, et renfermant une masse gélatineuse, entremêlée de sporules, qui s'écoule sous forme de liquide.

Genre ayant de l'affinité avec les Clathracées.

54. BATTAREA . Pers.

Volva double, remplie d'une substance gélatineuse ; pédi-

cule fistuleux ; chapeau hémisphérique , couvert extérieurement d'une couche épaisse de sporules pulvérulentes.

La position de ce genre est encore très-douteuse : la nature
de sa volva , son développement très-rapide , nous engagent
à le placer près des *Phallus*, ainsi que Nées l'a fait ; mais ses
sporules pulvérulentes et non renfermées dans un mucus
fétide, l'éloignent de cette famille et le rapprochent, à quelques
égards , des *Lycoperdacées*.

Le genre décrit par M. Liboschwitz sous le nom de *Den-
dromyces*, paroît avoir une grande affinité avec ce genre,
dont il différeroit surtout par l'absence de volva, si toute-
fois l'absence de cet organe , dans sa figure, n'est pas
accidentelle , et ne tient pas à la manière dont les échan-
tillons ont été recueillis.

HYPOXYLÉES.

(*Pyrenomycetes*, Fries ; *Xylomyci*, Willd.)

Réceptacle coriace ou ligneux, renfermant des thèques
ou rarement des sporules nues , qui s'échappent par son
orifice sous la forme d'un mucilage ou rarement d'une
poussière.

Obs. Cette famille diffère des Lycoperdacées , dont le péridium ressemble au réceptacle (*perithecium*) des Hypoxylées,
par la structure compacte et celluleuse de cet organe, qui
n'a jamais l'aspect fibreux du péridium des Lycoperdacées :
sa structure a plus d'analogie avec celle des Pézizées parmi les
vrais champignons ; mais les Hypoxylées en diffèrent par leur
réceptacle plus compacte et par leurs thèques, qui , en général,
s'échappent de son intérieur sous forme d'un mucilage épais.
mêlé de sporules. Cependant on doit convenir qu'il y a une
grande analogie entre certains *Phacidium* et quelques genres
de Pézizées, tel que le *Cenangium*. Enfin , les derniers genres
de cette famille viennent se rattacher d'une manière intime aux Urédinées, tellement qu'il est très-douteux à laquelle de ces deux familles on doit rapporter les genres
Actinothyrium et *Phoma* : on voit par conséquent qu'il n'y
a absolument que la famille des Mucédinées avec laquelle
les Hypoxylées n'aient pas de rapport.

1.ʳᵉ *Tribu*. Spæriacees. *Réceptacle s'ouvrant par un pore ou une fente; thèques s'échappant par l'orifice.*

1. Sphæria, Haller.

Réceptacles arrondis, solitaires ou réunis par une base commune, charnue ou coriace, d'abord fermés, s'ouvrant ensuite par un orifice circulaire; thèques alongées, mêlées à une masse gélatineuse avec laquelle elles sortent.

2. Depazea, Fries ; *Phyllosticta*, Pers.

Réceptacles simples, couverts par l'épiderme, décolorant les feuilles sur lesquelles elles croissent, s'ouvrant, soit par un pore, soit par un opercule; thèques peu développées, droites.

Toutes les sphéries réunies par M. De Candolle sous le nom de *Sphæria lichenoides* appartiennent à ce genre, que Fries n'a regardé que comme une dépendance des vraies sphéries, mais qui nous paroit cependant mériter d'en être distingué.

3. Dothidea, Fries.

Cellules solitaires ou agrégées dans une base charnue, sans réceptacle propre, s'ouvrant par un orifice simple et renfermant une masse formée de thèques fixes, mêlées de paraphyses.

Les plantes de ce genre, très-voisines des sphéries, et qui en offrent presque toutes les modifications, s'en distinguent particulièrement par l'absence d'un réceptacle propre à chaque loge ou cellule.

Les *Sphæria ribesia*, Pers., *S. sambuci*, Pers., et les plantes rangées par M. De Candolle dans les genres *Polystigma* et *Asteroma*, ainsi que plusieurs *Xyloma* du même auteur, appartiennent à ce genre.

Ces divers genres ne nous paroissent pas devoir être séparés les uns des autres, tant qu'on conservera le genre *Sphæria* dans son intégrité; car ces variations dans la végétation sont analogues à celles qu'on observe dans ce genre, qu'on n'a pas encore pu cependant se décider à diviser génériquement.

4. Erysyphe, Decand. (*Erysibe*, Ehrenb. ; *Alphitomorpha*, Wallr.; *Podosphæra*, Kunze.)

Péridium arrondi, mince, s'ouvrant irrégulièrement, donnant naissance, vers sa base, à des filamens rayonnans, de forme variable, renfermant des péridioles (thèques?) libres, polysporées.

Les observations de plusieurs mycologistes, et particuliérement de M. Ehrenberg, sur ce genre, prouvent qu'il n'a que peu d'analogie avec les *Sclerotium*; il nous paroît mieux placé parmi les Hypoxylées, auprès des Sphéries, dont son réceptacle a la structure et la couleur ordinaire : sa déhiscence irrégulière ou nulle, sa manière de croître sur l'épiderme et non dessous, sont les seuls caractères qui l'en éloignent.

Quant à la distinction des trois genres, *Erysiphe, Alphitomorpha* et *Podosphæra*, comme elle est fondée uniquement sur la structure des filamens qui naissent du péridium, nous n'avons pas cru devoir l'adopter.

5. Corynella, Ach., Fries.

Réceptacles renflés à leur base, partagés en deux cavités : l'inférieure vide ; la supérieure s'ouvrant par un orifice d'abord très-étroit et ensuite très-ouvert, rempli de thèques qui s'échappent sous forme de poussière.

Ce genre, établi par Fries, ne renferme qu'une espèce exotique, du cap de Bonne-Espérance, décrite par Acharius sous le nom de *Calicium colpodes*, et ensuite rapporté avec plus de raison par Persoon au genre *Sphæria*, sous le nom de *S. turbinata*. Les caractères qui le distinguent de ce dernier genre, ne paroissent consister essentiellement que dans l'absence de cette gelée qui sort avec les thèques des Sphéries.

6. Eustegia, Fries.

Réceptacles arrondis, sessiles, cupuliformes, fermés par un opercule ; thèques alongées, droites, couvrant le fond du réceptacle.

Ce genre est fondé sur une seule espèce nouvelle, qui croit sur les pins ; mais le *sphæria complanata ilicis*, Moug. et Nestl., paroit lui appartenir.

7. Lophium, Fries.

Réceptacles comprimés, presque membraneux, s'ouvrant par une fente longitudinale ; thèques droites, s'échappant sous forme pulvérulente.

Ce petit genre, qui ne renferme encore que deux espèces, a pour type l'*Hysterium mytilinum*, Pers., ou *Hypoxylon ostracium* (Bull., Champ., p. 170, t. 444, fig. 4) : il diffère des vrais *Hysterium* par ses thèques diffluentes qui sortent du réceptacle et qui ne périssent pas comme dans les *Hysterium*.

2.ᵉ Tribu. Phacidiacées. *Réceptacle s'ouvrant par plu-sieurs fentes ou valves; thèques fixées, persistantes.*

8. Hysterium, Tode. *Hysterium* et *Hypoderma*, Decand.

Réceptacles simples, sessiles, ovales ou alongés, s'ouvrant par une fente longitudinale; membrane fructifère, fixée au fond de sa cavité et couverte de thèques droites, alongées.

9. Phacidium, Fries.

Réceptacles simples, sessiles, arrondis, d'abord fermés, s'ouvrant ensuite en plusieurs valves rayonnantes; membrane fructifère couvrant le fond de la cavité, et présentant des thèques alongées, fixées.

Les espèces de ce genre, long-temps confondues avec les *Xyloma* et les *Hysterium*, en ont été séparées, avec raison, par Fries : les plus connues sont les *Xyloma pini*, Decand.; *Xyloma multivalve*, Decand.; *Xyloma pezizoides*, Pers.; *Xyloma lichenoides*, Decand., etc.

10. Actidium, Fries.

Réceptacles sessiles, arrondis, d'abord fermés, charnus intérieurement, s'ouvrant par plusieurs fentes canaliculées, rayonnant du centre vers la circonférence; thèques fixées au fond de ces fentes.

Ce genre diffère des *Phacidium*, dont son caractère paroî-troit le rapprocher, en ce que les fentes rayonnantes qu'il présente ne sont point les sutures de valves qui s'ouvrent pour découvrir un disque arrondi, mais paroissent être des ouvertures propres à autant de loges linéaires.

11. Glonium, Muhlenberg; *Solenarium*, Sprengel.

Réceptacle formé de lobes rayonnans, étendus, s'ouvrant par des fentes rameuses et également rayonnantes; thèques droites, minces, fixées au fond des loges du réceptacle.

Cette plante, propre à l'Amérique septentrionale, est re-marquable en ce qu'elle unit à la structure des hypoxy-lées le port d'un Byssus; elle représente plusieurs branches rameuses, noires, sillonnées supérieurement et soutenues par une base byssoïde; elle croit sur les bois pourris.

12. **Rhitisma**, Fries ; *Placuntium*, Ehrenb.

Réceptacles simples , d'abord fermés , se divisant ensuite en plusieurs fentes flexueuses, transversales ou irrégulières ; membrane fructifère charnue, couverte de thèques droites, fixées.

Un grand nombre de *Xyloma* se rangent dans ce genre : tels sont le *Xyloma accrinum* , le *Xyloma salicinum* , et plusieurs autres espèces, sur lesquelles on remarque des sillons très-distincts.

3.ᵉ *Tribu*. Cytisporées. *Réceptacle s'ouvrant par un orifice arrondi ; thèques nulles ; sporules nues ?*

13. **Sphæronema** , Fries.

Réceptacle alongé, presque cylindrique , percé d'un pore terminal , renfermant dans une poche membraneuse très-mince des sporules mucilagineuses très-ténues et qui s'échappent ensuite sous forme pulvérulente.

Ce genre comprend plusieurs Hypoxylées, qui ont un aspect très-analogue à celui des Sphéries, mais qui sont dépourvues de thèques : telles sont les *Sphæria subulata*, Pers. ; *S. cylindrica*, Pers.; *S. conica*, Pers. , etc.

14. **Cytispora** , Ehrenb.; Fries, *Syst.; Bostrychia*, Fries, *Act. Holm.* , 1818.

Réceptacles celluleux, composés de plusieurs cellules ou loges membraneuses, s'ouvrant toutes dans un tube et par un orifice commun ; sporules dépourvues de thèques, s'échappant mêlées avec une substance mucilagineuse.

Ce genre renferme plusieurs plantes rapportées auparavant au genre *Nemaspora*, et qui diffèrent des vrais *Nemaspora* placés parmi les Urédinées, par la présence d'un réceptacle propre, analogue à celui des autres Hypoxylées, mais beaucoup plus mince et composé de plusieurs cellules.

Les *Nemaspora chrysosperma, leucosperma,* quelques *Sphæria,* et plusieurs espèces nouvelles, forment ce genre.

15. **Pilidium** , Kunze.

Réceptacle simple , sessile , hémisphérique, d'abord fermé, s'ouvrant ensuite par plusieurs fentes rayonnantes, et contenant une masse de sporules fusiformes.

Ce genre est dans la tribu des Cytosporées ce qu'est le

(98)

genre *Phacidium* dans la précédente. Kunze n'en décrit qu'une espèce, qui croît sur les feuilles d'érables.

16. LEPTOSTROMA, Fries. (*Sacidium* ? Nées ; *Schizoderma*, Ehrenb.)

Réceptacle comprimé, plongé en partie dans la plante qui lui donne naissance, s'ouvrant par un opercule discoïde et renfermant des sporules nues.

Toutes les espèces de ce genre forment sur les plantes qu'elles habitent des taches noires, très-petites, dont toute la partie extérieure se détache sous forme d'opercule, et laisse à découvert les sporules.

17. LEPTOTHYRIUM, Kunze.

Réceptacle en forme d'écusson, sillonné longitudinalement, recouvrant des sporidies fusiformes.

La seule espèce décrite par Kunze croît sur la Lunaire ; par ses caractères elle se rapproche beaucoup du genre *Leptostroma* de Fries et du genre *Actinothyrium* de Kunze.

18. ? ACTINOTHYRIUM, Kunze.

Réceptacle se détachant sous forme d'un opercule membraneux, rayonné et fibreux, couvrant des sporules fusiformes.

La place de ce genre est encore très-douteuse, et peutêtre seroit-il mieux placé parmi les Urédinées, auprès des genres *Melanconium, Cryptosporium*, etc. ; en le plaçant ici, nous avons suivi l'opinion du botaniste qui l'a établi et de Fries.

19. PHOMA, Fries.

Réceptacle nul ; sporules (sporidies?) réunies en une masse farineuse et renfermées dans un faux péridium formé par la plante qui leur donne naissance.

Ce genre, par sa structure, devroit se placer parmi les *Urédinées ;* mais son analogie avec les Hypoxylons est telle que presque toutes les espèces qui en font partie ont été placées parmi les Sphéries : c'est ce qui nous engage à le laisser auprès d'elles, ainsi que Fries l'a fait. Les *Xyloma salignum*, Pers., et *Sphæria pustula*, Pers., sont les espèces **les plus connues de ce genre.**

*Genres rapportés à la famille des Champignons, mais dont la
position et les caractères sont encore incertains.*

XYLOSTROMA, Pers.
RHIZOMORPHA, Pers.
PHYCOMYCES, Kunze. (*Ulva nitens*, Agardh.)
ENTERIDIUM, Ehrenb.
MYCODERMIA, Pers.
THAMNOMYCES, Ehrenb.
PLOCARIA, Ehrenb.
LASIOBOTRYS, Kunze.

F I N.

STRASBOURG, de l'imprimerie de F. G. LEVRAULT, impr. du Roi.

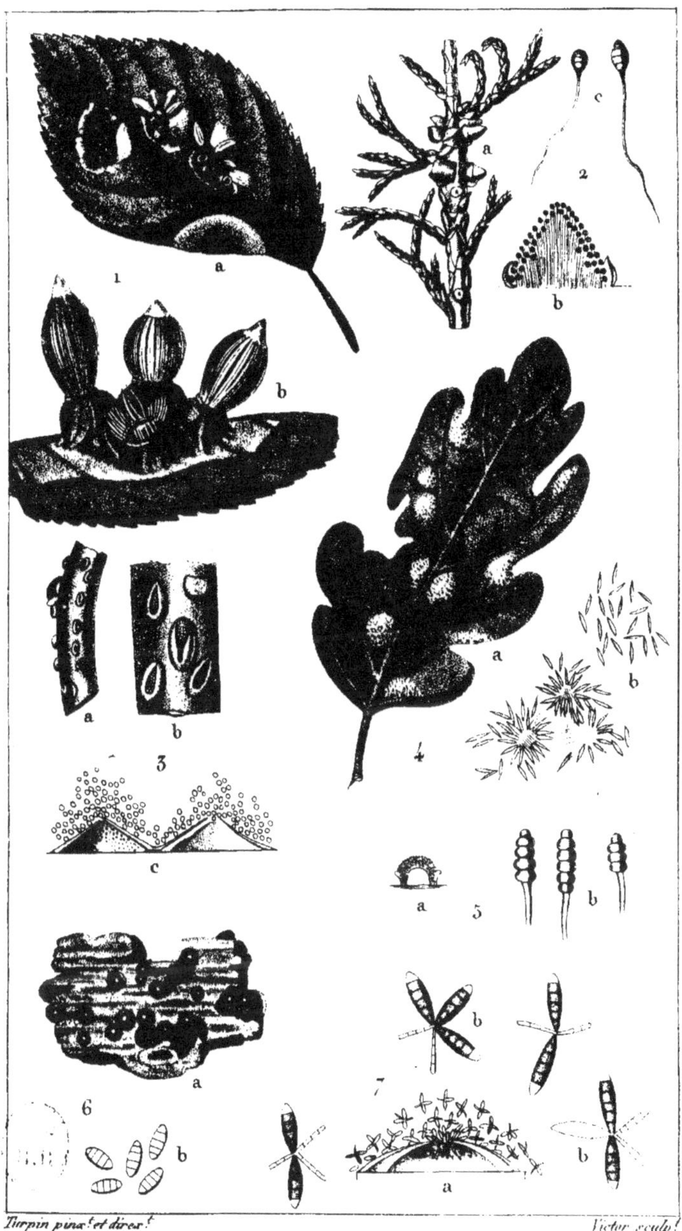

Turpin pinx.t et direx.t   Victor sculp.t

1. Æcidium *cancellatum.* (Pers)
a. *de grand.r nat.le* b. *Peridium grossi.*

2. Podisoma *juniperi.* (Link)
a. *de grand.r nat.le* b. *Sporidies grossies.*

3. Melanconium *bicolor.* (Nees.) a. de
g.dr nat.le b. *Le même gr.sie* c. *Sporidies grossies.*

4. Fusidium *flavovirens.* (Dittm.)
a. *de grand.r nat.le* b. *Sporidies grossies*

5. Coryneum *pulvinatum.* (Kunze)
a. *Amas de sporidies gros.ies* b. *Sporidies gr.sies*

6. Stilbospora *macrosperma.* (Pers)
a. *de grand.r nat.le* b. *Sporidies grossies.*

7. Prostemium *betulinum.* (Kunze) a. *Amas de sporid.ies gr.ies* b. *Spor.dies séparées.*

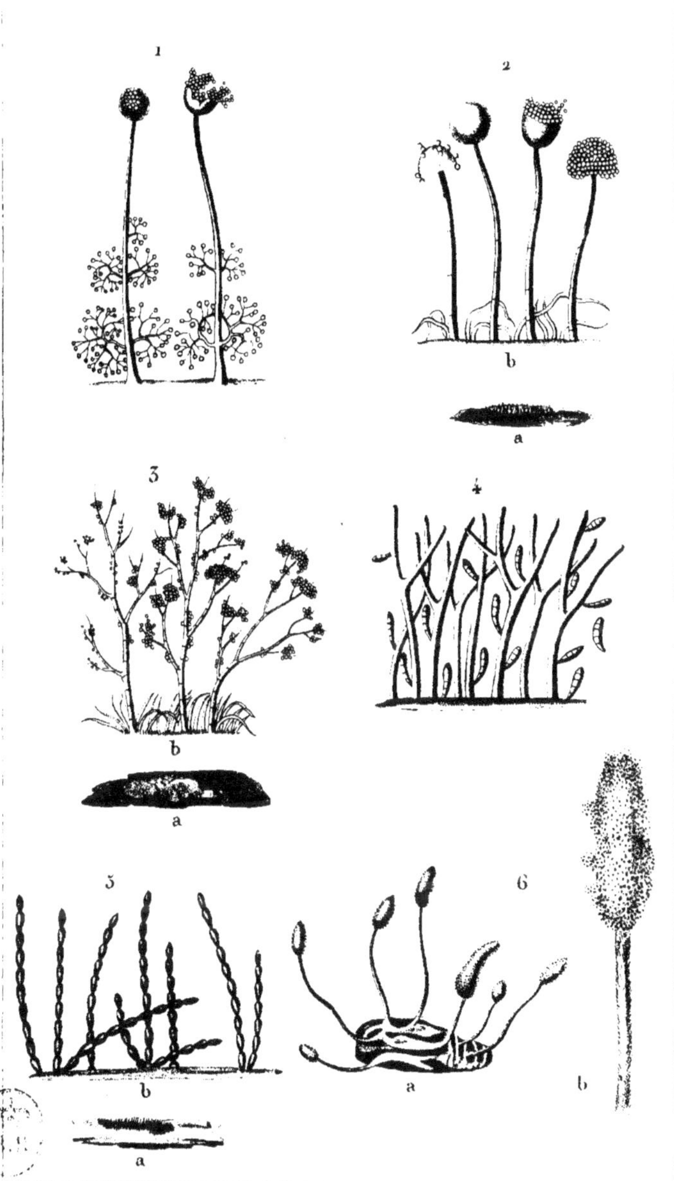

1. **Thamnidium** *elegans.* (Link)
2. **Ascophora** *mucedo.* (Tode.)
a. *de grandeur naturelle.* b. *grossi.*
3. **Botryis** *polyspora.* (Link)
a. *de grandeur naturelle.* b. *grossi.*

4. **Helmisporium** *velutinum.* (Link)
5. **Monilia** *antennata.* (Link)
a. *de grandeur naturelle.* b. *grossi.*
6. **Isaria** *velutipes.* (Link)
a. *de grandeur naturelle.* b. *grossi.*

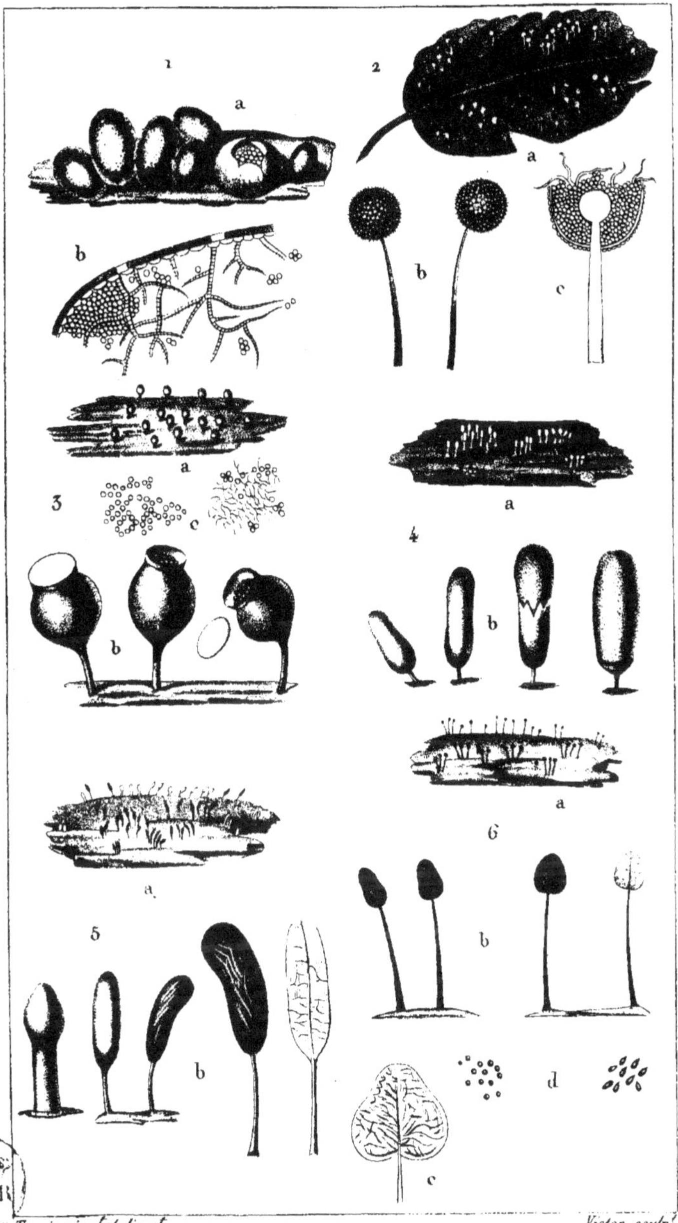

1. **Lycogala** *punctatum.* (Nees) a. de grand.t nat.le b. Sporules et filaments grossis.

2. **Cionium** *xanthopus.* (Dittm) a. de gr deux nat.le b. grossis. c. coupe d'un peridium.

3. **Craterium** *pyriforme.* (Dittm) a. de grand.t nat.le b. gr sis c. Sporules et filam.ts gr sis

4. **Arcyria** *incarnata.* (Pers) a. de grand.t nat.le b. Perid.um gr sus a divers époq.s de leur dévelop.ent

5. **Stemonitis** *leucopodia.* (DC) a. de g.dr nat.le b. le même gr st. a divers époques de développement

6. **Stemonitis** *ovata.* (Pers) a. de g.dr nat.le b. le mêm.e gr.te c. Perid.um après la disper.on des sporules d. Spor.les

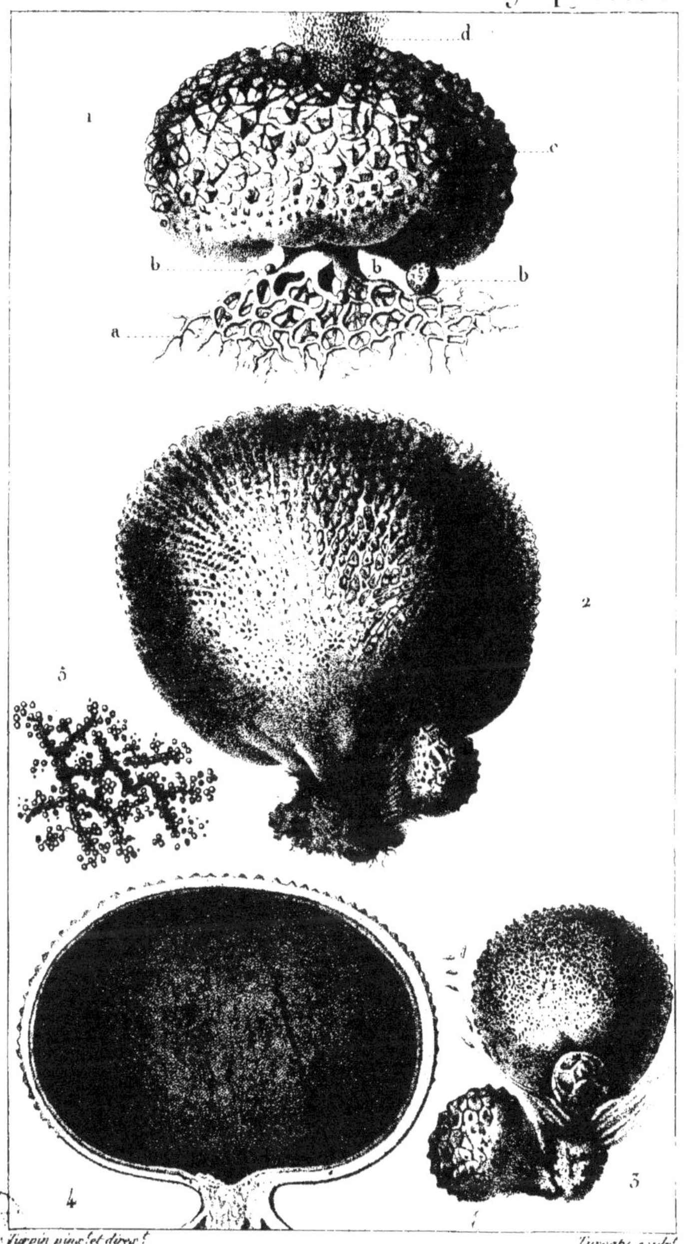

Turpin pinx.^t et direx.^t   Turcaty sculp.^t

VESSELOUP à verrues.

LYCOPERDON verrucosum. *(Bull.) Scleroderma* verrucosum. *(Pers.)*
(Grand. nat.)

1, 2 et 3. Individus différents appartenants à la même espèce. a. Tige traçante, souter.^{ne}
anastomosée. b.b.b. Péricarpes naissants. c. Péricarpe développé. d. Corps reproducteurs
lancés à l'extér.^{re} 4. Coupe vertic.^{le} d'un péricarpe. 5. Portion de tissu chargé de corps reprod.^{rs}

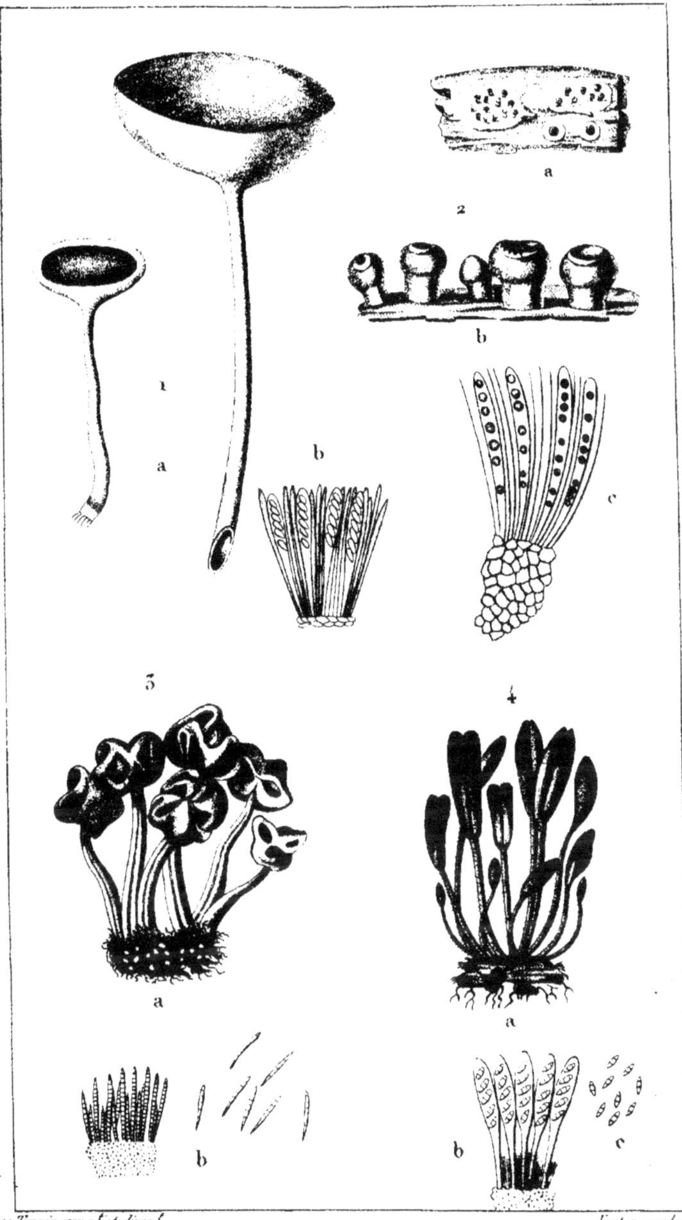

Turpin pinx.^t et direx.^t   Victor sculp.^t

1. **Peziza** *craterella (Pers.)* a. de
grand.^r nat.^{le} b. Thèques et paraphyses gr.^{ées}

2. **Peziza** *Mougeotii (Pers.)* a. de grand.^r
nat.^{le} b. grossie. c. Thèques et paraphyses gr.^{ées}

3. **Helvella** *flavovirens. (Nees)*
a. de grand.^r nat.^{le} b. Thèques grossies.

4. **Geoglossum** *viride (Pers.)* a. de
grand.^r nat.^{le} b. Thèques gr.^{ées} c. Sporidies.

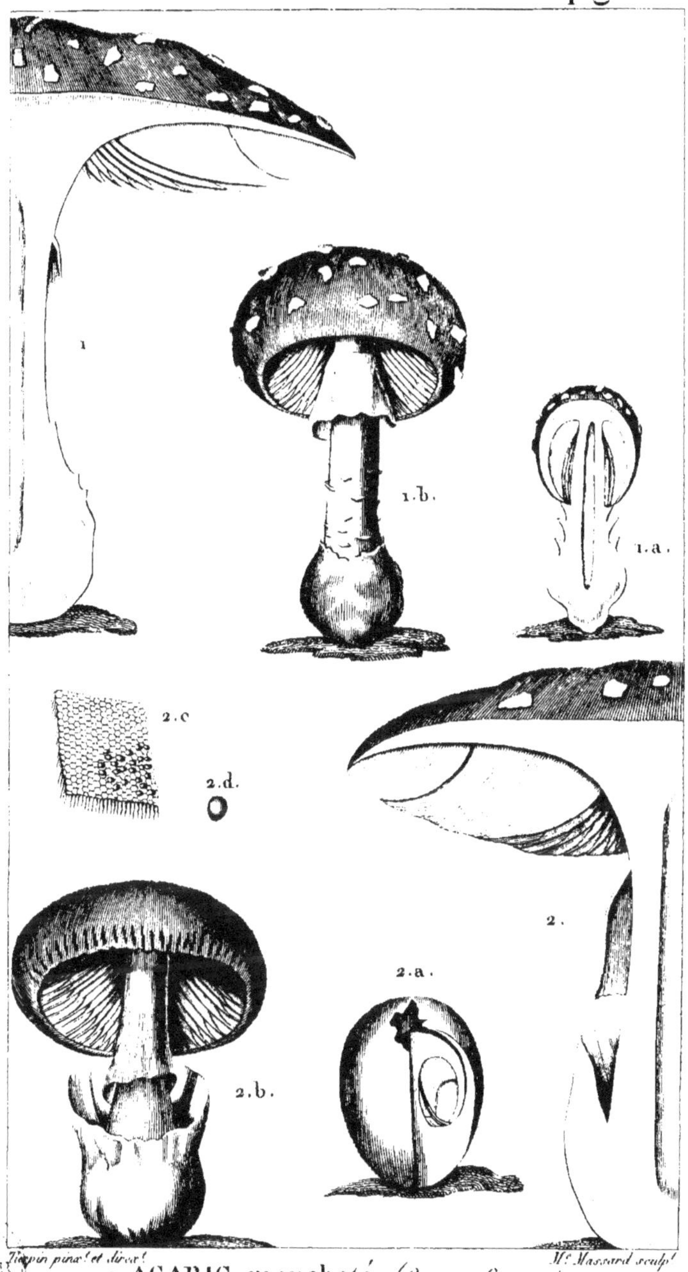

Turpin pinx.t et direx.t   M.e Massard sculp.t

1. AGARIC moucheté. *(Oronge fausse.)*
AGARICUS muscarius. *pseudo-aurantiacus. (Bull.)*
1.a. Jeune individu. 1.b. Développement intermédiaire.

2. AGARIC oronge. *(Vraie.)*
AGARICUS aurantiacus.
2.a. Jeune individu dans son volva. 2.b. Moyen âge. 2.c. Portion d'une lame sur
laquelle on voit quelques corps reproducteurs. 2.d. Corps reproducteur grossi.

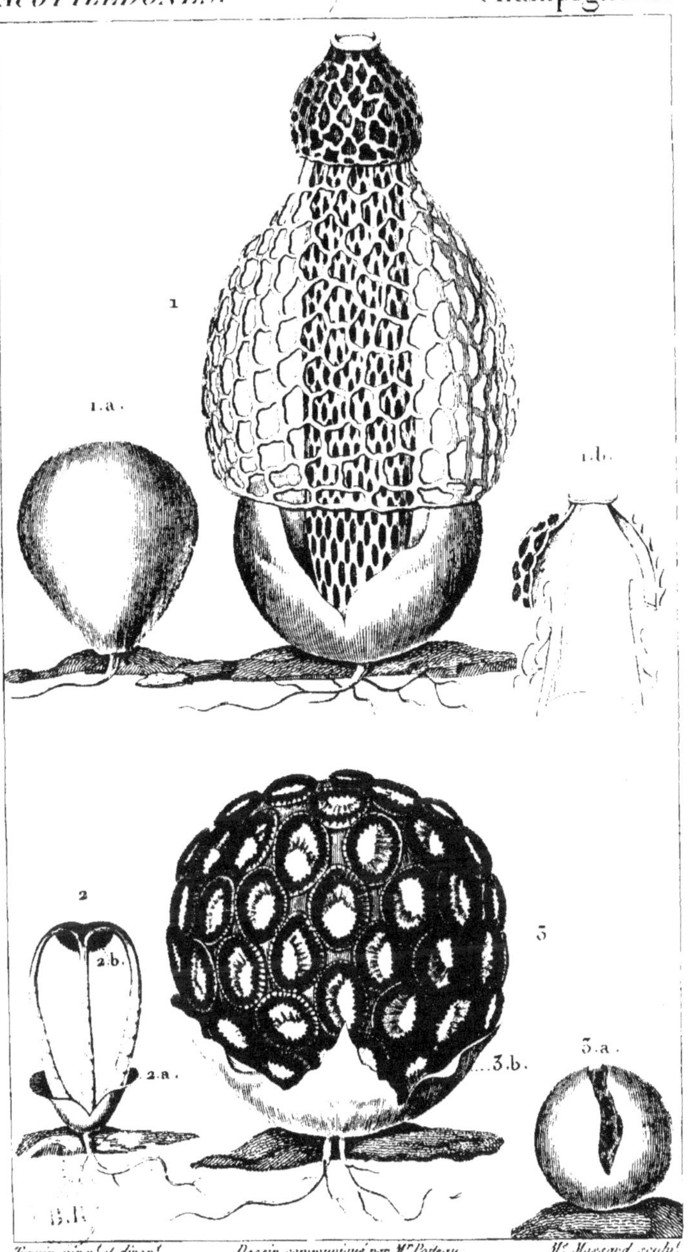

1. SATYRE tuniqué. *PHALLUS* indusiatus. (Vent.)
2. LANTERNE à trois branches. *LATERNEA* triscapa. (Turp.)
3. CLATHRE frisée. *CLATHRUS* crispus. (Turp.)

(¼ Grand . natur.le)

1.a. Jeune individu contenu dans son volva. 1.b. Coupe verticale de la partie supér.re
d'un autre développé pour faire voir la situation relative de la coiffe et de la chemise.
2. Volva déchiré. 2.b. Conceptacles. 3.a Volva commençant à s'ouvrir. 3.b. Id. &.t

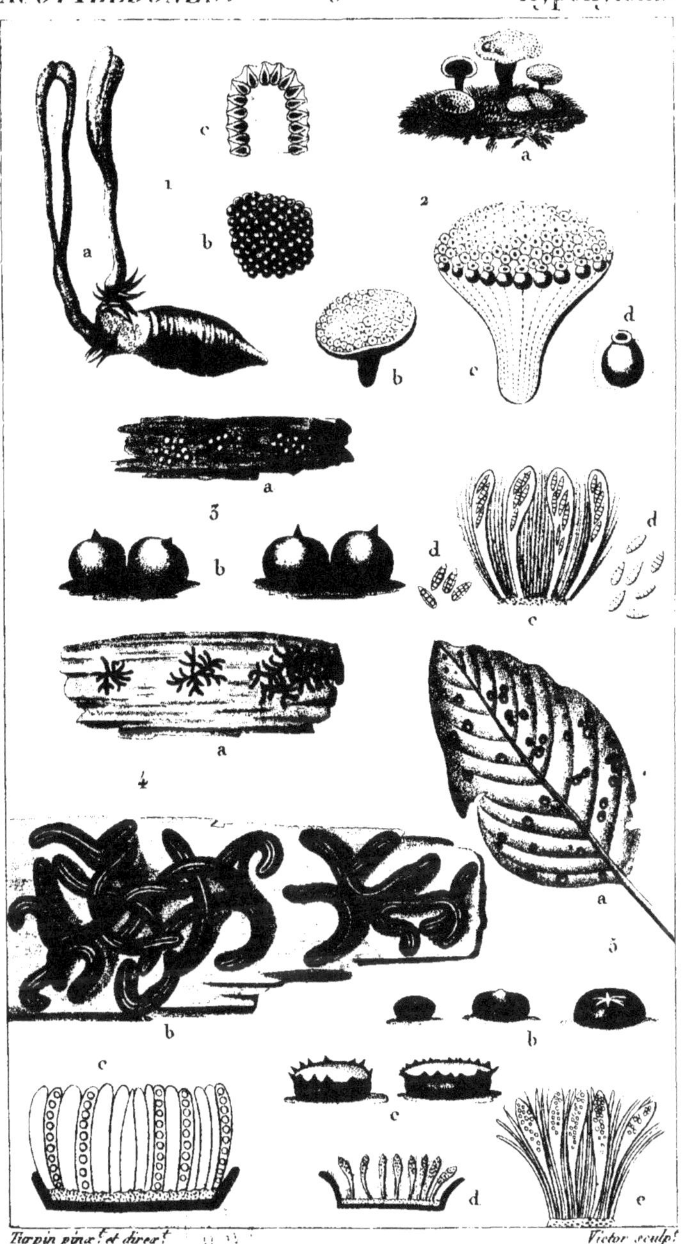

Turpin pinx.¹ et direx.¹   Victor sculp.¹

1. **Sphœria** *militaris. (Pers.)* a . de grand.ʳ nat.ˡᵉ b . *Peridiums gros.*ˢⁱ c . *les mêmes coupés.*

2. **Sphœria** *poronia. (Pers.)* a . de gr.ʳ nat.ˡ b . *la même gros.*ˢⁱ c . *la même coupée.* d . *un des peridium.*

3. **Sphœria** *mutabilis. (Pers.)* a . de gr.ʳ nat.ˡᵉ b . *Perid.*ᵘᵐ *gr.*ˢⁱᵉ c . *Theques et paraphyses très gr.*ᵉˢ d . *Sporidies.*

4. **Hysterium** *contortum . (Dithm.)* a . de grand.ʳ nat.ˡᵉ b . *grossi .* c . *Theques grossies.*

5. **Phacidium** *coronatum . (Fries)* a . de grandeur natur.ˡᵉ b . *Peridiums fermés.* c . *les mêmes ouverts.* d . *coupe d'un des perid.*ᵘᵐ e . *Theques et paraphyses.*